JN082738

即戦力の実務がしっかり学べる

グーグル アナリティクス4

Google Analytics 4の教科書

［著］Studio Nomade

秀和システム

本書の使い方

- 本書では、初めてGoogle Analytics 4（以下GA4）を使う方や、今までUniversal Analyticsを使ってきた方を対象に、GA4の基本的な操作方法から、毎日のビジネスに役立つ本格的な操作方法まで、Web業界で即戦力として活躍するための手順やノウハウを理解しやすいように図解しています。

- GA4の機能の中で、重要な機能はもれなく解説し、本書さえあればGA4が使いこなせるようになります。特にGA4から追加された新機能や便利な機能、Webマーケティングに役立つ機能なども豊富なコラムで解説していて、応用力が身に付くようになっています。

紙面の構成

タイトルと概要説明

このセクションで図解している内容をタイトルにして、ひと目で操作のイメージが理解できます。また、解説の概要もわかりやすくコンパクトにして掲載しています。

大きい図版で見やすい

操作を進めていく上で迷わないように、できる限り大きな図版を掲載しています。細かな部分については、見やすいように図版を拡大しています。

SECTION 2-1 Google Analytics アカウントを作成する

Google Analyticsを利用するには、GoogleアカウントのほかにGoogle Analyticsアカウントを用意する必要があります。Google Analyticsアカウントは、1運営（企業または個人）につき1つ必要です。Google Analyticsアカウントを取得してアクセス解析を始めましょう。

Google Analytics アカウントとは

「Google Analyticsアカウント」は、Google Analyticsの階層構造で最上位にあたり、システム管理者ごとに作成します。Webサイトとアプリの両方を運営している場合でも、1つのアカウント取得でこれらをまたぐアクセスの分析も、それぞれのアクセス解析も行えます。なお、Google Analyticsアカウントを取得するには、あらかじめGoogleアカウントを取得しておく必要があります。Google Analyticsアカウントには、9ケタのアカウントIDが割り振られ、アカウント名には運営者を示す名前を設定します。また、Google Analyticsアカウントは、最大100個まで作成、管理することができます。

Google Analytics アカウントの作成

① Googleマーケティングプラットフォームのページを表示する

Webブラウザで、Googleマーケティングプラットフォームのページを開き、[さっそく始める]をクリックします。

1 [さっそく始める]をクリック

本書で学ぶための3ステップ

ステップ1 ▶ GA4の基礎知識がしっかりわかる

　本書は、大きく変貌したGA4について、基礎から理解できるようになっています

ステップ2 ▶ 事前設定から実務に沿って解説している

　本書は、実際にGA4を活用するための実務の流れに沿って丁寧に図解しています

ステップ3 ▶ ユーザー分析に必要なデータスキルが身に付く

　本書は、GA4で抽出したユーザーデータを分析するための知識と応用術を図解しています。また、豊富なコラムが、レベルアップに大いに役立ちます

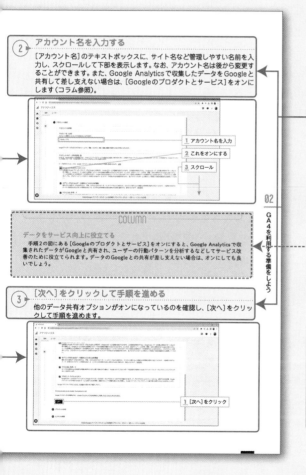

丁寧な手順解説

図版だけの手順操作の説明ではわかりにくいため、図版の上部に、丁寧な解説テキストを掲載し、図版とテキストが連動することで、より理解が深まるようになっています。

豊富なコラムが役に立つ

手順操作を解説していく上で、補助的な解説や、より高度な手順、注意すべき事項など、コラムにしています。コラムがあることで、理解が深まります。

サンプルダウンロード方法

弊社ホームページにアクセスし[検索窓に書名を入力]→[サポート]をクリック→表示されるサンプルファイルがダウンロードできます。詳細はホームページに記載。

はじめに

　スマートフォンが普及し始めてから、生活のスタイルが大きく変化し続けています。それまでパソコンが中心だったインターネットへの接続が、あっという間にスマートフォンに入れ替わりました。連絡手段も電子メールからメッセンジャー、そしてSNSに変化しています。また、コロナ禍の影響で、オンラインショップへの警戒心とアプリ操作へのハードルが下がって、今ではオンラインショッピングは社会インフラになったといっても過言ではありません。

　アプリの利用が深く浸透することによって、アクセス経路とユーザーのアクションがより複雑になり、アクセス解析にはそれらを丁寧にひも解くことが求められるようになりました。そこで、2020年10月、Googleは、Google Analytics 4 (GA4)を正式リリースして、Webサイト中心のセッションを軸とした解析から、ユーザーを軸としたイベントの解析へと舵を切ります。そうすることで、ユーザー個々のアクションがセッションという縛りから解放され、自由に解析できるようになります。また、Webサイトやアプリという括りにとらわれずに解析できるようにすることで、ユーザーのイベント（アクション）を適切に解釈できるようになっています。

　しかし、従来の解析方法をその思想から覆されてしまったために、Universal Analytics (UA) ユーザーの戸惑いと混乱は大きなものでした。訪問者のアクションはすべて「イベント」として計測され、セッションの定義が大きく改定されました。コンバージョンが柔軟に設定できるようになり、訪問者のアクションをきめ細かく追跡できるようになっています。GA4は使い込むほどに、データをさまざまな角度から分析することができ、ユーザーの傾向や特徴を適切に洗い出すことができるでしょう。

　本書では、GA4で大きく変更されたアクセス解析の新コンセプトの概要から画面の構成、分析手法まで、できるだけ丁寧に順序立てて解説しています。また、わかりづらい概念などをイラストにして、わかりやすく説明しています。GA4でアクセス解析してみませんか？　本書がGA4を使いこなす一助となれば幸甚です。

2023年6月

Studio Nomade

CONTENTS

**CHAPTER
02**

GA4を利用する
準備をしよう ⋯⋯⋯⋯⋯⋯⋯⋯⋯⋯ 059

**CHAPTER
03**

GA4を使い始めるための
設定をしよう ⋯⋯⋯⋯⋯⋯⋯ 091

CHAPTER
04

コンバージョンを設定しよう ⋯⋯ 119

CHAPTER
06

より深く分析するために
必要な設定 ……… 219

CHAPTER
07

［探索］レポートで
オリジナルレポートを作ろう……265

CHAPTER
08

ＧＡ４を便利に
使いこなすための機能 …………… 341

CHAPTER 00

Google Analytics 4 と は

Google Analytics 4（以下GA4）は、2020年10月に正式リリースされたGoogle Analyticsの最新バージョンです。前バージョンのユニバーサルアナリティクス（以下UA）とは、解析思想や構造からユーザーインターフェイスに至るまで根本的に見直されました。また、これまでのデータを引き継ぐこともできないため、まったく別のツールになったと言ってよいでしょう。この章では、GA4が従来のバージョンとは、何がどのように違うのか、比較しながら丁寧に解説します。

0-1 Google Analytics 4 の 概要を知っておこう

Google Analytics 4は（以下GA4と記載）、Googleが無償で提供するアクセス解析サービスです。GA4では、Webサイトにアクセスしたユーザーのアクションを解析することで、ユーザーの傾向や行動パターンを把握でき、企画や対策の立案に活用します。

Google Analytics 4はアクセス解析サービス

GA4は、Googleが提供するWeb解析ツールの最新バージョンです。GA4は、以前のバージョンであるユニバーサルアナリティクス（以下UAと記載）とは互換性がないため、新しいアカウントを作成する必要がある場合があります。

▼Googleが無料で提供するアクセス解析サービスです

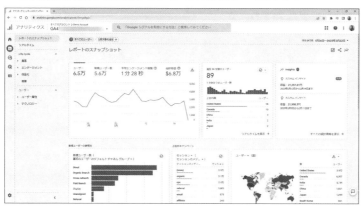

COLUMN

Google Analytics 4

　「Google Analytics 4」は、Googleが無償で提供するアクセス解析サービスです。GA4は、ユーザーがWebサイトやアプリにアクセスした際のアクションデータを計測し、そのデータを比較したり、グラフ化したりしてカテゴリ別にレポートを表示します。また、パソコンやスマートフォン、ブラウザなどのアクセス環境、ユーザーの性別や嗜好などの情報も収集できます。そういったデータを解析することで、購買層の把握や広告、バーゲンセールの効果といった戦略立案に欠かせない情報を確認することができます。なお、GA4を利用するには、GoogleアカウントとGoogle Analyticsアカウントの取得が必要です。

Google Analytics 4でできること

　GA4では、主に「ユーザーの属性・環境の確認」、「リアルタイムの状況を確認」、「アクセス経路の確認」、「Webサイト・アプリ内でのアクション」、「効果や成果の確認」の5つに分類できるデータを計測します。これらの計測データを基に、どのようなユーザーがWebサイトやアプリをどのように利用しているかを把握することができます。そうすることでビジネスを効率よく、適切な判断の基に進められます。

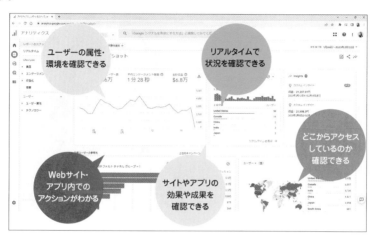

ユーザーを見える化できる！

　Webページを開設しても、それだけでは訪問者がいるのかどうかすらわかりません。GA4を導入することで、訪問者の数はもちろん、訪問者の地域、性別、嗜好などを確認できます。これによって、購買層やユーザーの傾向を確認し、戦略立案やWebページの改善などに活用できます。

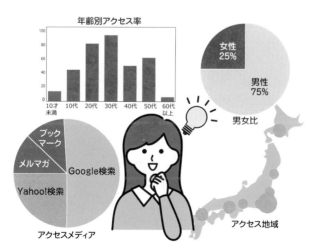

ユーザーの行動を把握できる！

　アクセス数が多くても、最初のページを表示した後すぐに離脱するユーザーがほとんどであれば、内容やデザインが期待外れだったということになります。このように、訪問者のWebサイト内でのアクションを把握すると、問題点を抽出したり、戦略を立案したりする際に役立ちます。

ユーザーの行動がわかれば、問題点の抽出や戦略の立案がしやすい！

広告やキャンペーンの効果を確認できる！

　広告やキャンペーンの効果を確認することは、ビジネスを進める上でとても大切です。広告やキャンペーンが成功すれば、ビジネスは広がり、高い収益が見込めるようになります。GA4では、検索キーワードや広告からのアクセスを確認でき、その効果を計測することができます。また、アクセスしたユーザーの動きを確認することで、目標まで到達したユーザーの割合なども解析できます。

バナー広告、動画、Instagram、Twitter、どれが効果的かな？

目標の達成度を確認できる！

GA4では、「資料PDFのダウンロード」、「プロダクトの購入」など、具体的にコンバージョンを設定し、その達成度を計測することができます。すべてのアクセスのうち、コンバージョンに到達する割合やコンバージョンに到達するまでの経路など、コンバージョン到達に関するデータをさまざまな角度から解析します。そうすることで問題点を抽出したり、SEO対策を立ててみたりして、ビジネスを活性化することができます。

▼コンバージョンレポート

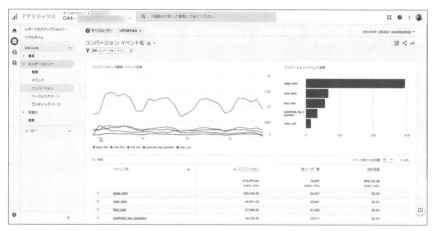

リアルタイムの状況を把握できる

広告出稿や新商品リリースなどの初速を知るには、リアルタイムでのデータ分析が効果的です。TwitterやInstagramなどのSNSへの投稿がどのような効果を生んでいるのかを分析するといった使い方もできます。特にスピード感が重要なビジネスでは、リアルタイムでの分析は非常に重要になります。

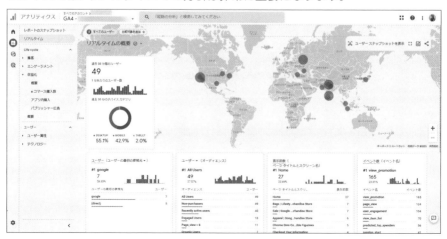

Google Analyticsはニーズに合わせて進化してきた
第1世代 Google Analytics登場！
　2005年、Googleは有料のアクセス解析ツール「Urchin（アーチン）」を買収し、これを改良したGoogle Analyticsをリリースしました。当時はまだアクセス解析の黎明期で、ページビュー数やヒット数といった単純な指標での解析がメインでした。しかし、Google Analyticsの登場で、セッション数やユーザー数を確認できるようになり、アクセス解析時代が幕を開けました。

2005年〜2012年までのロゴ

Google Analytics

第2世代/第2.5世代▶イベントトラッキング/eコマース機能を実装
　2007年には、計測タグが「urchin.js」から「ga.js」にアップグレードされ、イベントトラッキングやeコマース機能が搭載されました。PDFファイルのダウンロードやボタンのクリックなど、ページ内でのアクションを計測したり、オンラインストアでの商品購入個数や売上などの購買情報を計測したりできるようになりました。これにより、訪問者のアクションを詳細に分析可能となり、具体的な戦略立案に大きく貢献できるようになりました。2009年には、非同期タグが導入されたことで、Webページの表示速度が大幅に向上しました。

▼Google Analyticsのマイレポート画面

第3世代／第3.5世代▶ユニバーサルアナリティクス

　「ユニバーサルアナリティクス」は、2014年4月に正式リリースされたGoogle Analyticsの解析運用基準およびその機能で、計測タグが「ga.js」から「analytics.js」にアップグレードされました。ユニバーサルアナリティクスは、異なるWebブラウザからでも同一人物を認識、集計できるクロスドメイン機能や「商品閲覧」「カート投入」など商品購入に至る工程をステップ別にレポートできる機能が用意され、より正確な解析ができるようになりました。また、従来はアナリティクスタグとは別に広告用タグを設置する必要がありましたが、グローバルサイトタグを設置するだけでよくなり、効率よく運用できるようにバージョンアップしています。なお、Googleは、2023年7月1日にユニバーサルアナリティクスのサービスを終了しました。

▼ユニバーサルアナリティクスのホーム画面

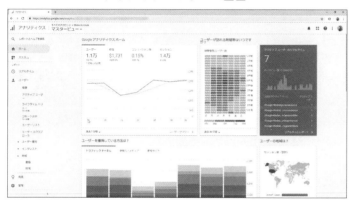

第4世代▶GA4

　「Google Analytics 4」は、2020年10月にリリースされたGoogle Analyticsの最新バージョンで、「GA4」と呼ばれています。GA4では、ユーザーやデバイス、Webコンテンツの進化に合わせて、データ計測のコンセプトや構造が根本から見直され、まったく別の解析サービスとして生まれ変わりました。「Webサイトとアプリをまたがったアクションの計測」や「機械学習を活用した予測機能」といった、これまでにないアプローチでのデータ計測・分析が可能になっています。GA4がどのように進化したのか、0章〜1章で具体的に解説していきます。

▼Google Analyticsのロゴの変遷

2012－2013　　2013－2016　　2016－2019　　2019－

0-2 GA4にアップグレード された背景とは

GA4では、データ計測のポリシーからデータの構造、ユーザーインターフェイスまで一新され、困惑しているユーザーも多いことでしょう。このSectionでは、Google Analyticsの機能やコンセプトが根本的に見直された背景と新しくなった機能を解説します。

GA4は従来のサービスとは別物

　GA4は、2019年にβ版が発表され、さまざまな改良を経て2020年10月に正式リリースされました。GA4は、Webサイトとアプリにまたがった計測を可能にするために、データ構造はもとよりデータ計測、解析の方法まで根本から見直されています。そのため、従来のGoogle Analyticsとはディメンションや指標の視点が変わったり、同じ指標のデータでずれが生じたりして、ユーザーを困惑させています。

　しかし、GA4へのアップグレードの背景や変更されたポイントを丁寧に確認することで、GA4導入のハードルも下がることでしょう。

▼計測単位・方法とデータ保持期間の違い

変更点	GA4	UA
計測単位	イベント	ページ
計測方法	ユーザー	セッション
データ保持期間（初期）	2ヵ月	14ヵ月
データ保持期間（最大）	14ヵ月	50ヵ月

▼内容が変更になった指標の例

指標	UA	GA4
合計ユーザー数	UAの主要なユーザー指標：ユーザーの合計数	イベントがログに記録されたユニークユーザーの合計数。
新規ユーザー	初めてサイトを利用したユーザーの数	初めてサイトを利用した、またはアプリを起動したユーザーの数。
アクティブユーザー数	なし	ウェブサイトまたはアプリにアクセスした個別のユーザーの数。
ページビュー	表示されたページの合計数。同じページが繰り返し表示された場合も集計されます。	表示されたアプリ画面またはウェブページの総数。同じスクリーンやページが繰り返し表示された場合も集計されます。
ユニークページビュー	閲覧されたページの総数ですが、重複はカウントされません	なし

GA4へのアップグレードが実行された背景

ユーザーのアクションの多様化

　日本では、2022年のスマホ保有率は79％を超えています。スマホでのアプリの操作にも慣れて、アプリを介して記事を読んだり、オンラインショッピングを楽しんだりするようになりました。例えば、ランキングサイト上ある商品のリンクをタップすると、Amazonアプリが起動し、該当商品のページが表示されて購入手続きを進める、といったこともごく普通に行われています。

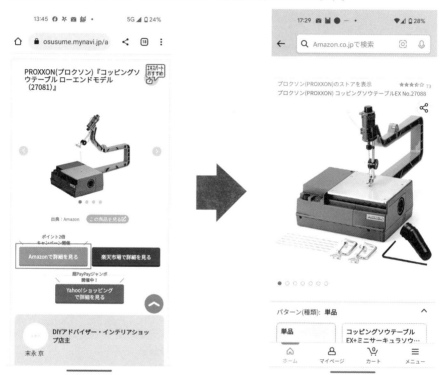

▲ランキングサイトなどに掲載されたリンクをタップし、アプリを起動して購入するパターンは一般的になった

　つまり、アクセス解析を適切に行うには、アプリとWebブラウザの両方のアクションを1回のアクションとして計測する必要があるわけです。従来のユニバーサルアナリティクスでは、Webサイトとアプリにまたがったアクションを計測できません。上記のようにWebサイトからアプリに移動し、商品購入まで到達した場合、Webサイトへのセッションが1、アプリへのセッションが1とカウントされてしまいます。これでは正しく解析できません。

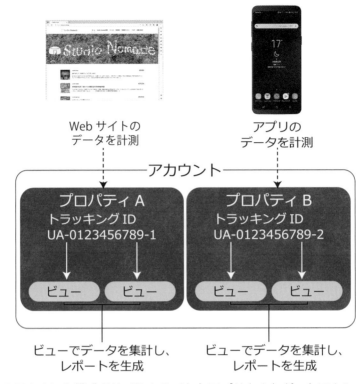

▲ UAのアカウント構成では、Webサイトとアプリをまたがったアクションを計測できない

Cookieによるデータ計測の精度の低下

　従来のUAでは、CookieやIPアドレスから個人ユーザーを特定し、アクセス解析に活用してきました。しかし、近年、個人情報保護の観点から、世界的にCookieやIPアドレスの扱いを厳しく規制する傾向にあります。また、個人情報保護の意識が高まったことや、スマートフォンやタブレットなど複数の端末を経由してのアクセスが増加したことなどのために、Cookieによる計測の精度が下がってしまい、アクセス解析の計測概念と計測方法を根本的に見直す必要に迫られました。

規制	地域	概要
GDPR	欧州経済地域（EPA）	Cookieやメールアドレス、SNSへの書き込み、IPアドレスなどが個人情報として定義され、それらのデータの利用にあたって、ユーザーからの事前同意を取ることが求められる
CCPA	アメリカ カリフォルニア州	Cookieやメールアドレス、SNSへの書き込み、IPアドレスなどが個人情報として定義され、それらのデータの利用は、求められれば開示することが求められる
改正個人情報保護法	日本	CookieやIPアドレスなどの「個人関連情報」を取得する場合、事前に同意を得ることが求められる

ページ単位での計測の限界

　UAでは、1回のアクセスを意味する「セッション」を軸に、ページ単位でアクセスを解析してきました。ところが、動画やゲームでは、単純にページを計測できません。また、アプリやまとめサイトのように、1ページに様々なコンテンツが盛り込まれているケースがあり、1ページのみの離脱でも、短時間の場合と最後まで閲覧した場合を同じ「1ページビュー」と計測することに無理があります。このように、コンテンツが多様化したために、セッションを軸にページ単位でアクセスを解析することに限界が生じてきました。

▲動画アプリではページ単位での計測は難しい

GA4で新しくなったこと

　スマートフォンやタブレットの普及に伴って、インターネットの利用方法が多様化したことから、Google Analyticsは、正しくアクセス解析するためにデータ計測ポリシーから根本的に見直されました。ここでは、GA4で新しくなったポイントについて解説します。

データ計測の概念が一新された

　UAは、Webサイトとアプリをまたいだアクセスを計測ができないため、インターネットの入り口がアプリや動画、ゲームなど多様化したことで、複雑になったアクセス経路を正しく計測できなくなりました。

インターネットの使い方が複雑になった

Webブラウジング
欲しいものを見つけた

パソコンで詳しい
情報をチェック

ポイントがたまる
のでアプリで購入

　そこでGA4では、セッションを軸にしたページ単位での計測を、「ユーザー」を軸にした「イベント」単位での計測に変更されています。分析の対象がWebサイトからユーザーに変わり、ユーザーのイベント（行動）を正確に把握することに重点が置かれています。つまり、「どんなコンテンツが効果的にユーザーを集めるのか」よりも、「どんなユーザーが来て、どう行動するのか」を中心にデータを計測することになります。

Webサイトとアプリにまたがったデータを集計できるようになった

UAでは、Webサイト対してトラッキングIDを発行し、プロパティを作成してビューで集計するため、Webサイトの計測データしか表示できません。

GA4では、Webサイトとアプリをまたいだイベントを集計できるように、ビューが廃止され、プロパティ内に「データストリーム」が配置されています。データストリームは、ビューの代替機能ではなく、Webサイトとアプリのデータを収集する機能で、集計およびレポートの表示はプロパティが行います。Webサイト用とiOSアプリ用、Androidアプリ用の3種類があり、Webサイト用には「G-」で始まる計測IDを、アプリ用にはストリームIDが割り振られ、それぞれのデータを収集し、プロパティに送信します。このようにアカウント構造が変更されたことで、ユーザーがWebサイトとアプリをまたぐアクションをしても、同一ユーザーとして認識できます。

▼GA4のアカウント構成

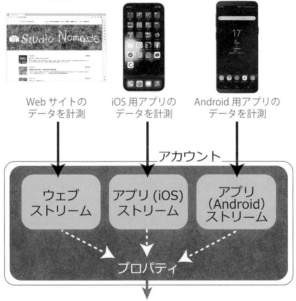

Web サイトの
データを計測

iOS 用アプリの
データを計測

Android 用アプリの
データを計測

アカウント

| ウェブ
ストリーム | アプリ (iOS)
ストリーム | アプリ
(Android)
ストリーム |

プロパティ

データストリームで計測したデータを
基にレポートを生成・表示

機械学習による予測と分析

GA4では、収集したデータを分析し、将来ユーザーが起こす行動を予測する「機械学習」が導入されています。「機械学習」とは、人工知能のプログラムが蓄積されたデータを分析し、傾向やパターンを抽出して学習することで、購入につながりやすいユーザーのパターンを把握したり、価値の高いユーザーリストを取得したりすることができます。

予測機能には、「予測指標」と「予測オーディエンス」の2種類があります。

「予測指標」は、蓄積されたデータを分析し、「購入の可能性」、「離脱の可能性」、「予測収益」の3つの指標を予測する機能です。実績と予測データを比較することで、今後の戦略を立案したり、改善点をあぶりだしたりと、ビジネスを効率的に進めることができます。予測指標は、データ検索の「ユーザーのライフタイム」レポートで確認することができます（Sec7-8参照）。

指標	定義
購入の可能性	過去28日間に操作を行ったユーザーによって、今後7日間以内に特定のコンバージョンイベントが記録される可能性を予測
離脱の可能性	過去7日間以内に操作を行ったユーザーが、今後7日間以内にサイトやアプリに訪問しない可能性の予測
予測収益	過去28日間に操作を行ったユーザーが今後28日間に達成する全購入コンバージョンによって得られる総収益を予測

なお、予測指標を活用するには、次の3つの条件を満たす必要があります。

❶モデルの品質が一定期間維持されていること。

❷過去28日間のうちの7日間で、予測条件に当てはまるリピーターと、当てはまらないリピーターがそれぞれ1,000人以上必要。

❸購入の可能性と予測収益の各指標の両方を対象とするには、プロパティはpurchase と in_app_purchase の少なくともどちらかのイベントを送信すること。またpurchaseイベントを収集する場合は そのイベントのvalue とcurrency パラメータも収集すること。

　「予測オーディエンス」は、「7日以内に購入する可能性が高い既存顧客」や「7日以内に離脱する可能性が高い既存顧客」など、あらかじめ用意された5種類のオーディエンスパターンに当てはまるユーザーを予測し抽出する機能です。予測オーディエンスを利用すると、「7日以内に購入する可能性が高い既存顧客」として抽出されたユーザーに購入を促す広告を表示するなどして、ユーザーの購入意欲を効果的に高めることができます。

●7日以内に離脱する可能性が高い既存顧客
●7日以内に離脱する可能性が高いユーザー
●7日以内に購入する可能性が高い既存顧客
●7日以内に初回の購入を行う可能性が高いユーザー
●28日以内に利用額上位になると予測されるユーザー

ユーザーインターフェイスのリニューアル

　GA4では、データ計測の軸がセッションからユーザーに変わったことで、計測単位もページからイベントに変更になりました。それに伴って、指標やディメンションの意味が見直され、ユーザーインターフェイスも大きく変更されています。

　GA4のナビゲーションには、［ホーム］、［レポート］、［探索］、［広告］、［管理］の5つのメニューが用意されていて、［ホーム］では利用頻度の高いカードを、［レポート］ではユーザーやイベントなどの項目が集計されたレポートを、［探索］では、ディメンションと指標を組み合わせ作成したオリジナルレポートを表示できます。［広告］では、チャンネルごとのコンバージョン数など、広告の成果を確認できます。［管理］には、プロパティやアカウント、イベントなど、GA4の機能を制御する設定がまとめられています。

ユーザーインターフェイスも大幅に変更されました

プライバシーに配慮した計測

　GA4では、プライバシー保護の観点から、Cookieのうち複数のWebサイトを横断したアクセスの計測に利用されているサードパーティCookieの計測を廃止しました。また、パソコンや端末の特定を可能にするIPアドレスも保存されません。GA4は、Webサイトが発行するファーストパーティCookieとGoogleアカウントにログインすることで得られるGoogleシグナル、アプリやWebサイトが個別に発行するユーザーIDなどを利用してユーザーを識別し、アクセス解析に利用しています。

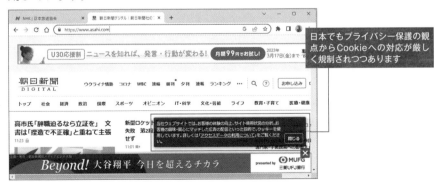

日本でもプライバシー保護の観点からCookieへの対応が厳しく規制されつつあります

0-3 GA4を導入するメリット とデメリット・注意点

GA4の導入を躊躇させる理由のひとつに、GA4に乗り換えるメリットがわかりづらいということがあります。GA4は、従来のUAとは根本的に異なるアクセス解析ツールです。このSectionでは、そのメリットとデメリット、そして注意点を解説します。

GA4導入におけるメリット

ユーザーのアクションを適切に計測・分析できる

GA4では、ビューが廃止された代わりにデータストリームが導入され、Webサイトとアプリをまたいだアクションを適切に計測できるようになりました。セッションが日付をまたいでも、同一セッションとして計測することもできます。また、計測の軸がセッションからユーザーに変わったことで、ユーザーのアクションを正確に計測・分析することができ、きめ細やかな対策を立てられます。

▼従来のGoogle Analyticsの解析の流れ

Webサイトのデータの解析結果

アプリのデータの解析結果

▼GA4の解析の流れ

Webサイトとアプリの両方の
データの解析結果

データ計測の設定が容易

UAでは、ファイルのダウンロードやスクロールなどのイベントを計測するために、コードを生成してWebサイトに設置するといった手間のかかる設定が必要でした。また、正しく計測されないなどのトラブルも多く、適切に解析するのが難しいケースもありました。

GA4では、ページビューやスクロールといった利用頻度の高いイベントは、自動的にデータが収集されます。また、その他のイベントも管理画面でオン/オフスイッチを切り替えるだけで簡単に設定できるようになりました。

▼イベントの設定画面

機械学習による予測機能

GA4では、Googleの機械学習を利用して蓄積されたデータから、将来を予測できる「予測指標」が導入されています。予測指標を利用すると、購入または離脱する可能性のあるユーザーや売上の予測を確認することができます。なお、予測指標を利用するには、「予測条件に当てはまるユーザー1000人と当てはまらないユーザーが1000人ずつのデータが必要」など、3つの条件を満たしている必要があります。

▼予測指標の設定画面

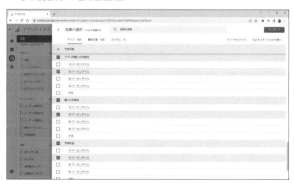

BigQueryと連携できる

　GA4では、Googleが提供するデータウェアハウスツール「BigQuery」と連携することができます。BigQueryは、GoogleがGoogle Cloudに収集した膨大なデータベースから、必要なデータをすばやく抽出、閲覧できるデータウェアハウスツールで、無料で利用できます（連携後、有料でデータ処理を行えます）。GA4とBigQueryを連携させることで、Google Cloudに収集されたアクセスデータを直接利用することができ、よりきめ細やかなデータ分析を行えます。

▼BigQueryのホームページ

プライバシーを重視したデータ計測ができる

　従来のUAでデータ計測に利用されていた、サードパーティCookieは、ユーザーのプライバシーを侵害する可能性がありました。そのため、GA4では、サードパーティCookieを利用せず、GoogleシグナルやWebサイトから賦与されるユーザーIDなどの情報を基にユーザーを認識し、データを計測できるようになりました。プライバシーを侵害せず、適切なアクセス解析を行えます。

▼GA4で計測される識別子

識別子	内容
ファーストパーティ Cookie	Webブラウザや各アプリで発行されるファーストパーティCookieに含まれるIDなどの情報
Googleシグナル	Googleアカウントにログインしているユーザーの情報
ユーザーID	Webサイトやアプリで発行される固有のID情報

GA4導入におけるデメリット
UAのデータを引き継げない

GA4では、UAのデータを引き継ぐことができません。UAのサービスは、2023年7月1日で終了してしまったため、GA4への移行作業を行えなかった事案が生じています。また、GA4の導入後にも学習、レポートの作成、各部署との打ち合わせなど、本格的な運用を始めるまでに多くの業務と時間が発生しています。

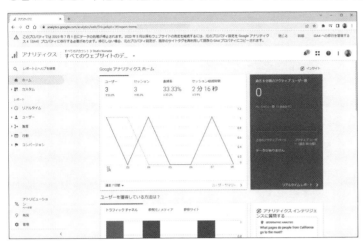

▲UAは2023年7月1日でサービスが終了しました

GA4の使い方を学習する必要がある

UAではGA4にアップグレードする際に、アクセス解析の軸がセッションからユーザーに、ページ単位からイベント単位に変更されました。それに伴って、指標やディメンションの意味やデータの捉え方も従来と異なり、解析に大きく影響しています。また、Webサイトのデータを集計しレポートを生成する「ビュー」を廃止し、データストリームを配置するなど、アカウント構成も大きく変更されています。

このようにGA4は、従来のUAとは別物と言っていいほどに、大きく変更が加えられています。システムエンジニアからエンドユーザーまで、再度GA4について学び直す必要があります。

変更点	GA4	UA
計測単位	イベント	ページ
計測方法	ユーザー	セッション
データ保持期間（初期）	2ヵ月	14ヵ月
データ保持期間（最大）	14ヵ月	50ヵ月

データの保持期間が短くなった

UAでは、データの保持期間は最大50か月でした。しかし、GA4のデータ保持期間は、初期設定では2か月、最大14か月と大幅に短縮されています。これは、世界的なプライバシー保護強化に対応したためです。GA4では、14か月までのデータしか保持できないため、長期的な傾向分析や過去データとの比較分析も制約を受けることになります。

データ保持期間設定	GA4	UA
初期設定	2ヵ月	14ヵ月
最大保持期間	14ヵ月	50ヵ月

GA4導入における注意点

指標の定義が変更、廃止されている

GA4ではデータの計測軸がセッションからユーザーに、計測単位がページ単位からイベント単位に変更になりました。それに伴って、多くの指標の定義が変更されたり、廃止されたりしました。指標によっては、以前とデータの意味が異なっていたり、数値にずれが生じたりするものもあります。あらかじめ指標の定義と使い方を確認してから、レポートを作成した方が良いでしょう。

▼表記、定義が変更された主な指標

UA指標名	GA4指標名
ユーザー	総ユーザー数
新規ユーザー	新規ユーザー数
直帰率	直帰率（定義：エンゲージメントされていないセッションの割合）
平均セッション時間	セッションあたりの平均エンゲージメント時間
ヒット数	イベント数
目標の完了数	コンバージョン
目標値	イベントの値
コンバージョン率	セッションのコンバージョン率
ページビュー数	表示回数
平均ページ滞在時間	平均エンゲージメント時間
exit	離脱数
ランディングページ数	閲覧開始数
検索回数	view_search_results
検索を伴うセッション数	view_search_results

UA指標名	GA4指標名
合計イベント数	イベント数
イベントの発生したセッション	セッション
トランザクション数	eコマース購入数
収益	eコマースの収益
平均注文額	購入による平均収益
内部プロモーションのクリック数	アイテムプロモーションのクリック数
商品がカートに追加された数量	カートに追加
ユーザーあたりの収益	ユーザーあたりの平均購入収益額

▼廃止された主な指標

指標名	
1回のセッションあたりの値	セッション時間
1回のセッションあたりの目標値	直帰数
eコマースのコンバージョン率	目標の開始数
閲覧開始率	目標到達プロセスの放棄数
結果のページビュー数	ページスピード関連の指標
結果のページビュー数/検索	ページの価値
検索深度	ページ/セッション
検索後の時間	ページ別訪問数
検索結果の離脱	平均価格
合計ページ滞在時間	平均検索深度
再検索数	ユニークイベント数
サイト検索の目標コンバージョン率	離脱率
新規セッション率	

COLUMN

GA4を導入するときに事前に確認・注意しておくこと

GA4を導入する際には、以下の点に注意が必要です。

- ●UAからGA4へのデータ移行は不可
- ●UAとGA4では測定データが異なるため、データの比較分析ができない
- ●GA4では、デバイスを横断して同一ユーザーを識別できるようになったため、ユーザー数がUAより少なく表示される
- ●GA4では、指標名称や概念・定義が変更されているため注意が必要
- ●GA4では、データ保持期間の初期設定が2ヶ月と短く設定されているため、必要に応じて変更するのを忘れない

――――――― COLUMN ―――――――

GA4はこんな人におすすめ

GA4は、Webサイトやアプリのアクセス解析を行うためのツールです。従来のUAよりも機能が強化されており、ユーザーの行動をより詳細に分析することができます。そのため、Webサイトやアプリの改善に効果的に利用することができます。

GA4は、以下のような人におすすめです。
● Webサイトやアプリのアクセス解析を行いたい人
● ユーザーの行動をより詳細に分析したい人
● Webサイトやアプリの改善に効果的な施策を打つ人
● Webマーケティングやデジタルマーケティングに携わっている人

またGA4は、Webマーケティングやデジタルマーケティングに携わる人におすすめです。具体的な職業としては、以下のような職業が挙げられます。
● Webマーケティング担当者
● デジタルマーケティング担当者
● Webサイト運営者
● アプリ運営者
● Web解析士
● データサイエンティスト

GA4は、Webサイトやアプリの改善に効果的なツールです。上記のような職業の人は、GA4を活用することで、Webサイトやアプリの運用と改善に役立ちます。

GA4は、初心者でも
基本を覚えれば
企業や個人ベースの
ブログ等の収益化や
eコマースの運営に
役立ちます！

CHAPTER 01

ＧＡ４のしくみを理解しておこう

CHAPTER00では、Google Analyticsが大幅にグレードアップしGA4をリリースするに至った背景やGA4の概要を解説しました。この章では、アクセス解析の思想から構造、ユーザーインターフェイスまで一新されたGA4のしくみや機能をもう少し詳しく解説していきます。

1-1 アカウント構成が変わった

GA4では、複雑になったインターネットの利用を適切に計測するため、ユーザーのアクションにフォーカスする必要が出てきました。そのため、Webサイトとアプリをまたがるアクセスを計測できるように、データストリームを配置しアカウント構成を一新しました。

GA4のアカウント構成

GA4のアカウントでは、「アカウント」、「プロパティ」、「データストリーム」から構成されています。データストリームでWebサイトやアプリからデータを収集し、プロパティに送信して、集計、レポートを作成します。従来のUAとはアカウント構成が異なるため、その役割と構成を確認しましょう。

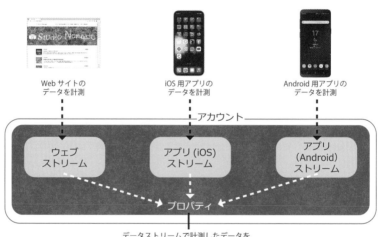

Webサイトの
データを計測

iOS用アプリの
データを計測

Android用アプリの
データを計測

アカウント

ウェブ
ストリーム

アプリ(iOS)
ストリーム

アプリ
(Android)
ストリーム

プロパティ

データストリームで計測したデータを
基にレポートを生成・表示

アカウント

GA4を利用する運営者（企業や個人）が取得するGoogle Analyticsアカウントで、通常、1運営者につき1アカウントを取得します。

プロパティ

データストリームで計測、収集されたデータを集計してレポートを生成します。データを計測するWebサイトまたはアプリをデータストリームで指定します。なお、プロパティはコピーできませんが、別のアカウントに移動させることはできます。

データストリーム

　プロパティで集計、レポート生成するためのデータ収集元のことで、「ウェブストリーム」と「アプリストリーム（iOS用）」、「アプリストリーム（Android用）」の3種類があります。ウェブストリームには、測定IDが割り振られ、Webサイトのデータを計測し、アプリストリームにはストリームIDが割り振られ、アプリのデータを計測し、プロパティに計測データを送信します。アプリとWebサイトをまたいだデータを計測したいときは、1つのプロパティにウェブストリームとアプリストリームを設定します。

GA4のデータ計測のしくみ

　GA4では、Webサイトとアプリとでは、データを計測する方法が異なります。Webサイトのデータを計測する場合は、測定IDに紐づけられたGoogleタグ（トラッキングコード）をWebサイトに追加することで、データをウェブストリームで収集します。

　アプリの場合は、アクセスデータを計測するプラットフォームの「Firebase SDK」をアプリに組み込み、Firebaseと連携させることでアプリストリームにデータを収集できるようになります。

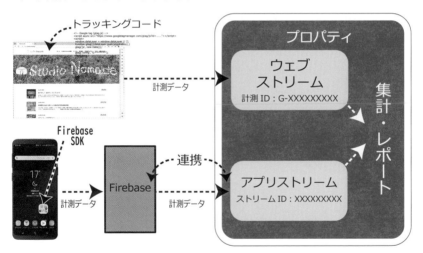

Firebaseとは

　「Firebase」は、Googleが提供するモバイルアプリやWebアプリのアプリ開発プラットフォームです。アクセス解析をはじめ、データのバックアップやデータベース管理、セキュリティなど、アプリの開発や運営に便利な機能が用意されています。Firebaseには、GA4と連携できるプログラムも用意され、Firebase SDKをアプリに組み込むことで、アプリのデータの計測が可能になります。

GA4ではビューが廃止された

UAでは、プロパティに収集されたデータをビューで集計し、絞り込んでレポートを作成していました。ビューは複数作成することができ、「営業部用」、「お客様用」など、データを必要な範囲に絞り込んで、適切な切り口で解析するレポートを作成することができました。

▼UAのアカウント構成

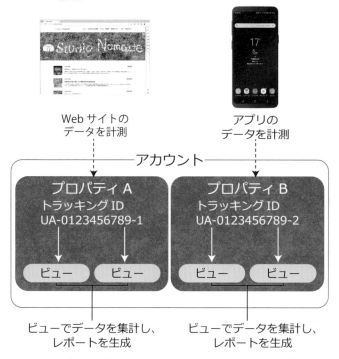

しかし、GA4ではビューが廃止されました。また、UAからデータや設定を引き継ぐことができません。そのため、プロパティやデータストリーム、レポートの設定を変更して、データを絞り込んだり、除外したりして適切なレポートを作成する必要があります。

GA4では、プロファイルのナビゲーションに用意されている[レポート]や[探索]、[広告]メニューを利用して、データを確認したり、分析したりします。[レポート]では、あらかじめトピックに適したレポートが用意されていて、データを絞り込んだり比較したりして、必要なデータを確認することができます。また、[探索]では、セグメントやディメンション、指標などを自由に設定して、オリジナルのレポートを作成することができます。

［ホーム］

［ホーム］には、利用頻度の高い重要なデータを中心に掲載されています。GA4の利用を続けると、パーソナライズされたデータが表示されるようになります。

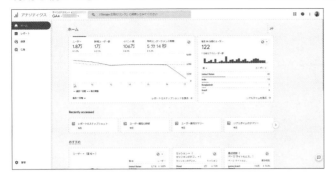

［レポート］

［レポート］には、［リアルタイム］、［ユーザー］、［ライフサイクル］の3つのカテゴリそれぞれに、テーマに適した定型のレポートが用意されています。定型のレポートを操作して、データの内容を確認してみましょう。

［探索］画面

［探索］では、用意されたテンプレートを基に、指標やディメンションなどの設定を変更し、オリジナルのレポートを作成することができます。

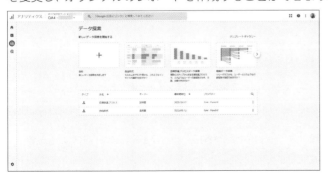

[広告]

[広告]では、広告を運用している場合に、Google広告とGA4を連携させて、Google広告のデータを確認することができます。

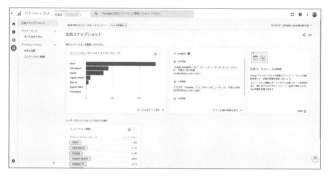

---COLUMN---

プライバシーポリシーにはGA4利用を明示しよう

GA4では、Cookieやユーザー ID、Google シグナルなどのユーザー情報を取得します。これらのデータは個人情報となるため、その収集や活用方法、管理、保護についての取り扱い方針をプライバシーポリシーに明示する必要があります。その際には、次のような点に注意して記載しましょう。

● Google Analytics を利用していることを明示する
● 分析に Cookie を使用していることを明示する
● 収集したデータをどのように保存・処理するかを明示する

プライバシーポリシー例文

当社は、皆様の個人情報（個人を識別できる情報）の重要性を認識し、その適正な管理を行うため、プライバシーポリシーを以下のとおり定めます。

また、当サイトでは、Google によるアクセス解析ツール「Google アナリティクス」を使用しています。Google アナリティクスはデータの収集のために Cookie を使用しますが、匿名で収集されており、個人を特定するものではありません。なお、データの収集は、Cookie を無効にすることで停止することができます。Google Analytics のデータ収集については、Google アナリティクスサービス利用規約のページや Google ポリシーなどをご覧ください。

● 個人情報の収集、利用にあたっては目的を明確にし、適正な方法により収集、利用を行ないます。
● ご提供頂いた個人情報は、皆様の事前の承認が無い限り、提供された目的以外の用途には使用しません。
● 収集した個人情報は適切に管理します。また、個人情報への不正なアクセス、紛失、破壊、改ざん、漏洩等の防止のために、教育・訓練を実施し、技術的対策等の向上にも努めます。
● ご提供頂いた個人情報は、皆様の事前の承認が無い限り第三者に開示・提供をいたしません。
● 皆様のご承認に基づき個人情報を第三者に提供する場合、提供先に対し当社のプライバシーポリシーを遵守することを義務付けます。
● ご提供頂いた個人情報に関し、内容の開示や訂正、利用停止等のお申し出があった場合は、合理的な範囲内で、適正・迅速に対処致します。

1-2 アクセス解析の方法が 変わった

UAでは、Webサイトへのセッションを軸にページ単位でデータを解析していました。しかし、アプリを経由したWebの利用が一般化したことから、GA4ではユーザーを軸としイベント単位での解析に変更されました。

UAでの解析方法

　UAが発表された2014年は、モバイル利用者のうちスマートフォン利用者の割合はまだ30%台で、アクセス解析も主にWebサイトが対象でした。UAは、複数のドメインをまたいだユーザーの行動をより詳細に計測でき、「Webサイトへのアクセスをいかに増やすか」「どのようなコンテンツが効果的か」といったセッションを軸としたページ単位の解析に画期的な効果をもたらしました。

▼モバイル端末保有者におけるスマートフォン所有者の割合

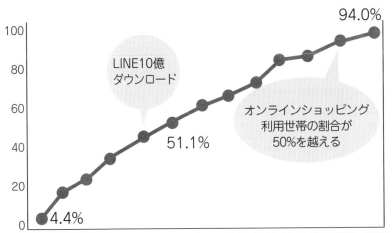

今やスマホ
ユーザー数が、
パソコンユーザー数を
大きく上回る
時代です！

ユーザー軸イベント単位ってどういうこと？

　2019年ごろには、モバイル所有者におけるスマートフォンの割合が85％を越え、アプリの利用も一般化したことから、UAのセッションを軸としたページ単位での計測、解析は、複雑なアクセス経路に対応できず限界を迎えていました。ページビュー以外のイベントは「カテゴリ」「アクション」「ラベル」を設定して計測するオプション的な扱いでした。また、計測されたイベントデータは、参照元や端末、日付が切り替わると、それぞれが1セッションとしてまとめられ、複数にまたがるケースに適切な計測ができなくなっていました。

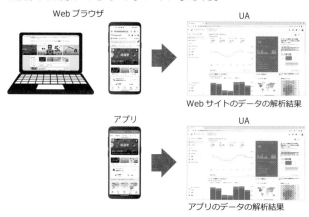

▲UAでは、Webブラウザとアプリのデータは、それぞれで集計され、解析されていました

　そこで、GA4では、データ計測の軸がユーザーに、計測単位がイベントに変更されました。ユーザーによるページの移動やファイルのダウンロード、リンクのクリック、スクロールなど、ユーザーの行動（イベント）を詳細に計測することで、データの質を高められるだけでなく、従来の解析では難しかったWebサイトとアプリをまたいだ行動の計測を可能にしています。

Webサイトとアプリの両方の
データを解析できます

イベントとは

GA4における「イベント」は、ページビューをはじめ、クリック、スクロール、ダウンロードなどユーザーが行うすべてのアクションを指します。イベントは、イベントの内容を表す「イベント名」とイベントに付加できる追加情報の「パラメーター」で構成されています。例えば、「ページビュー」を計測する場合、「ページのURL」、「1つ前のページのURL」の情報も自動的に収集されます。このとき、イベント名は「page_view」で、「page_location」、「page_referrer」というパラメーターが設定されています。

▼主なイベントのイベント名とパラメーター

イベント名	計測のタイミング	パラメーター
session_start	セッションの開始	なし
first_visit	初回の訪問	なし
first_open	アプリインストール後、初回の起動時	・previous_gmp_app_id ・updated_with_analytics ・previous_first_open_count ・system_app ・system_app_update ・deferred_analytics_collection ・reset_analytics_cause ・engagement_time_msec
ad_impression	アプリで広告を表示したとき	・ad_event_id ・value
screen_view	アプリでの画面遷移	・firebase_screen ・firebase_screen_class ・firebase_screen_id ・firebase_previous_screen ・firebase_previous_class ・firebase_previous_id ・engagement_time_msec
page_view	ページビュー	・page_location ・page_referrer
scroll	スクロール	なし
file_download	ファイルのダウンロード	・file_extension ・file_name ・link_classes ・link_domain ・link_id ・link_text ・link_url
click	ユーザーが現在のドメインから移動するリンクをクリックするたびに記録	・link_classes ・link_domain ・link_id ・link_url ・outbound

GA4のイベントの種類

　イベントは、初期設定なしで自動的に計測される「自動収集イベント」、管理画面で簡単な操作で設定できる「拡張計測機能イベント」、Googleが設定を推奨している「推奨イベント」、ユーザーが独自に設定する「カスタムイベント」の4種類があります。どのイベントが自動収集イベントや拡張計測機能イベントなのか、あらかじめ確認しておくとよいでしょう。

主な自動収集イベント

　「自動収集イベント」とは、特に設定しなくても自動的に計測されるイベントのことです。

イベント	イベント名	内容
広告のクリック	ad_click	広告をクリックしたとき
広告の表示	ad_impression	広告が表示されたとき
アプリのアンインストール	app_remove	アプリがアンインストールされたとき
リンクのクリック	click	現在のドメインから移動するリンクをクリックしたとき
ファイルのダウンロード	file_download	ファイルに移動するリンクをクリックしたとき
アプリを開く	first_open	アプリインストール後初めて起動したとき
フォームを返信	form_submit	フォームを送信したとき
画面を表示	page_view	画面が遷移したとき
スクロール	scroll	ページの最下部まで初めてスクロールしたとき
動画の再生	video_start	動画の再生が開始されたとき
動画再生の終了	video_complete	動画が終了したとき

COLUMN

イベントを使用する際のルール

　イベントを使用する際には、次のようなルールがあります。イベントを作成したり、編集したりする際に必要となるため、確認しておきましょう。
- イベント名は40文字まで
- イベント名は大文字と小文字が区別される
- アルファベットも日本語も同じ1文字と認識される
- イベントに追加できるパラメータは1イベントにつき25個まで
- パラメータ名は40文字まで
- パラメータ値は100文字まで

主な拡張計測機能イベント

「拡張計測機能イベント」は、管理画面で有効に切り替えるだけで設定が完了するイベントです。

イベント	イベント名	計測のタイミング
ページビュー	page_view	ページが読み込まれるたび
スクロール数	scroll	ページの最下部まで初めてスクロールしたとき
離脱クリック	click	現在のドメインから移動するリンクをクリックしたとき
サイト内検索	view_search_results	サイト内検索を行ったとき
動画エンゲージメント	video_start	動画の再生の開始
	video_progress	動画が再生時間の 10%、25%、50%、75% 以降まで進んだとき
	video_complete	動画が終了したとき
ファイルの ダウンロード	file_download	ファイルに移動するリンクをクリックしたとき
フォームの操作	form_start	セッションで初めてフォームを操作したとき
	form_submit	ユーザーがフォームを送信したとき

主な推奨イベント

「推奨イベント」は、Googleから推奨されているイベントで、必要に応じて手動で設定します。

イベント	イベント名	内容
広告の表示	ad_impression	広告が表示されたとき（アプリ）
仮想通過の獲得	earn_virtual_currency	仮想通貨を獲得したとき
グループへの参加	join_group	グループに参加して、各グループの人気度が測定されたとき
ログイン	login	ログインしたとき
購入	purchase	購入を完了したとき
払い戻し	refund	払い戻しを受けたとき
検索	search	お客様のコンテンツを検索したとき
コンテンツの選択	select_content	コンテンツを選択したとき
コンテンツの共有	share	コンテンツを共有したとき
ユーザー登録	sign_up	ユーザーが登録して、各登録方法の人気度が測定されたとき
仮想通過の使用	spend_virtual_currency	仮想通貨を使用したとき
チュートリアルの開始	tutorial_begin	チュートリアルを開始したとき
チュートリアルの完了	tutorial_complete	チュートリアルを完了したとき

GA4のしくみを理解しておこう

データ計測方法の変更による指標定義の変更

　データ計測の軸がセッションからユーザーに、計測の単位がページからイベントに変更になったことで、指標の定義が変更になったり、指標そのものが廃止になったりしています。そのため、同じレポートでも解析結果が異なっていたり、数値がずれていたりすることがあります。あらかじめ変更・廃止になった指標を確認しておきましょう。

セッション

　「セッション」は、Webサイトやアプリの訪問を示す指標ですが、GA4ではその定義が大幅に変更されています。UAでは、流入経路や日付が変わると、それぞれ別のセッションとしてカウントしていました。GA4では、Webページから一旦離脱して別の参照元から流入しても1セッションとしてカウントします。また、セッションが日付をまたいでも1セッションとして計測し、セッションの最大の長さも24時間から無制限になります。セッションの定義が変更されたことにより、セッション数にずれが生じたり、セッションが示すデータの意味合いも違ってきます。

▼セッションが切れるタイミング

UA	GA4
30分以上操作がないとき	30分以上操作がないとき
参照元の情報が変わったとき	異なるデータストリームをまたいでページを移動したとき
日付が変わったとき	異なるドメイン間を移動したとき

▼セッションの変更点

項目	UA	GA4	影響
セッションの長さ	最初のページ表示時間〜最後のページ表示時間	セッション開始のイベント発生時〜最後のイベント発生時間	GA4では時間が長くなる
セッション最長の長さ	24時間	制限なし	GA4では時間が長くなる
日またぎのデータ送付の処理	4時間以内のデータを処理	72時間以内のデータを処理	GA4ではセッション数が増える傾向に

直帰率

　UAでは、Webサイトで最初に閲覧したページからそのまま離脱すると、直帰セッションとして計測されていました。たとえ、そのページをスクロールしてコンテンツを数分間閲覧したとしても、セッション継続時間は0秒とカウントされ直帰扱いとなります。

　GA4では、エンゲージメントがなかったセッションを直帰セッションとしています。「エンゲージメント」とは、「10秒以上の滞在」、「2ページ以上の閲覧」、「コンバージョンイベントの発生」のいずれかを満たすことです。エンゲージメントが発生すると、「ユーザーが意味のある行動をした」とすることができ、直帰とは見なされなくなります。GA4での直帰率は、全セッション中エンゲージメントが発生しなかったセッションの割合となります。逆に、全セッション中エンゲージメントが発生したセッションの割合を「エンゲージメント率」といいます。

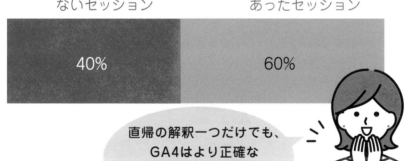

UAの場合
▼直帰＝最初のページだけで離脱　　　▼回遊

| 70% | 30% |

GA4の場合
▼直帰＝エンゲージメントの　　　▼直帰＝エンゲージメントの
　　　ないセッション　　　　　　　　あったセッション

| 40% | 60% |

直帰の解釈一つだけでも、
GA4はより正確な
データが拾える
ようになりました

ユーザーのカウント方法が変更

UAでは、ユーザーのデータを主にCookieから収集していました。GA4では、プライバシー保護の観点から、サードパーティCookieからのデータ収集を廃止し、ファーストパーティCookie、Googleシグナル、端末やアプリなどのユーザーIDからユーザーのデータを収集しています。計測方法の変更から、ユーザーのデータにずれが生じる可能性があります。

UAでは、異なる端末からアクセスしたり、Webサイトとアプリをまたがって操作したりすると、それぞれ別ユーザーとして計測されていました。GA4では、Webサイトとアプリをまたがったり、異なる端末からアクセスしたりしても、同一ユーザーによる操作であれば「1ユーザー」として計測されます。そのため、GA4のレポートの方が、ユーザー数が減少する可能性があります。

▼ユニバーサルアナリティクス（UA）の場合

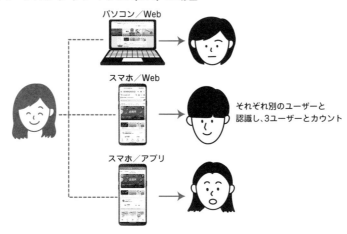

パソコン／Web

スマホ／Web

それぞれ別のユーザーと
認識し、3ユーザーとカウント

スマホ／アプリ

▼GA4の場合

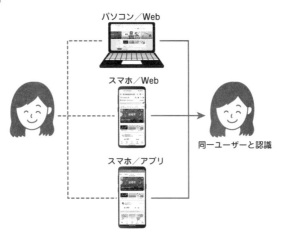

パソコン／Web

スマホ／Web

同一ユーザーと認識

スマホ／アプリ

また、GA4では、「アクティブユーザー」という指標が追加されました。「アクティブユーザー」は、Webページやアプリの画面を前面に1秒以上表示したユーザー、またはエンゲージメントを発生させたユーザーのことを指します。別のタブで目的のページを開いていても、ユーザーが閲覧できる状態でなければアクティブユーザーとしてカウントされません。GA4のレポートでは、「ユーザー数」というとき、その内容は「アクティブユーザーの合計数」を指すことに注意が必要です。

ユーザーの指標

指標	UA	GA4
合計ユーザー数	ユーザーの合計数	イベントがログに記録されたユニークユーザーの合計数
新規ユーザー	初めてサイトを利用したユーザーの数	初めてサイトを利用した、またはアプリを起動したユーザーの数
アクティブユーザー数	なし	ウェブサイトまたはアプリにアクセスした個別のユーザーの数

コンバージョン

「コンバージョン」は、商品の購入や会員登録など、Webサイトやアプリが目標とする成果が達成されることです。UAでは、コンバージョンを計測する際、コンバージョンが発生したセッションを計測していました。そのため、同じセッション中に複数回コンバージョンが発生しても、コンバージョンが発生したセッションは「1」となります。GA4では、コンバージョンをイベントとして計測します。そのため、セッション中に発生したコンバージョンはその都度イベントとして計測されます。そのため、コンバージョン数が、GA4の方がUAよりも多くなります。

GAのバージョン	セッション中複数回のコンバージョン
UA	一回としてカウント
GA4	発生した回数分カウント

GA4のしくみを理解しておこう

1-3 ユーザーインターフェイスが変わった

GA4は、データを確認するために用意された［レポート］と、レポートを作成してデータを分析できる［探索］、広告データを解析できる［広告］、データやフィルタを制御するための機能がまとめられた［管理］から成ります。新しくなったGA4の構成を確認しましょう。

GA4の画面構成

GA4は、大きく分けて左側のナビゲーションとレポート表示領域から構成されています。アイコンやメニューの意味、配置を確認して、効率よく利用しましょう。

❶**アカウント名**：アカウント名が表示されています
❷**検索ボックス**：レポートなどを検索できます
❸**ナビゲーション**：表示したいレポートのカテゴリを選択します
❹**［ホーム］**：［ホーム］レポートが表示されます
❺**［レポート］**：各集計レポートを表示できます
❻**［探索］**：テンプレートを使ってオリジナルレポートを作成できます
❼**［広告］**：広告のレポートを表示できます
❽**［管理］**：GA4を制御するための設定や機能がまとめられています
❾**レポート表示領域**：レポートを表示します
❿**カード**：指標ごとに集計されたデータが表示されています
⓫**［比較対象を追加］**：比較の対象となるディメンションを追加できます
⓬**レポートのタイトル**：レポートのタイトルが表示されています

⑬**データの期間**：データの対象とする期間を設定できます

⑭**[比較データの編集]**：レポートの設定を変更できます

⑮**[このレポートの共有]**：レポートのURLを送信して他のユーザーと共有します

⑯**[Insights]**：機械学習を用いたアラート機能です

⑰**[このレポートをカスタマイズ]**：レポート編集機能が表示されます

⑱**[ご意見・ご感想をお送りください]**：Googleへのフィードバック画面が表示
　　されます

[ホーム]

[ホーム]では、GA4での操作情報を基に、利用頻度の高い情報が表示されます。
GA4を利用し続けることによって、よりパーソナライズされた情報が表示される
ようになります。

[レポート]

[レポート]には、[リアルタイム]や[ユーザー]などのコレクションに17種類の
レポートが用意されています。[レポート]画面のレポートは、計測データを集計
したレポートで、データを深堀したり、範囲を絞り込んだりして分析に利用する
ことはできません。ただし、対象となるデータを追加し、比較できます。

[レポート]画面のコレクションとトピック

[レポート]画面のレポートは、大カテゴリの「コレクション」、サブカテゴリの「トピック」に分類されて格納されています。目的のコレクション、サブカテゴリの順にクリックし、展開して、レポートを探してみましょう。なお本書では、[レポート]に用意されているレポートのことを［標準］レポートと呼びます。

ナビゲーション

❶ナビゲーション
❷コレクション
❸トピック
❹レポート

コレクション	トピック	レポート
レポートの スナップショット		
リアルタイム		リアルタイム
ユーザー	ユーザー属性	概要
		ユーザー属性の詳細
	テクノロジー	概要
		ユーザーの環境の詳細
ライフサイクル	集客	概要
		ユーザー獲得
		トラフィック獲得
	エンゲージメント	概要
		イベント
		コンバージョン
		ページとスクリーン
		ランディングページ
	収益化	概要
		eコマース購入数
		アプリ内購入
		パブリッシャー広告
	維持率	維持率

01
GA4のしくみを理解しておこう

──── COLUMN ────

[レポート]のコレクションとトピックを編集する

　[レポート]のコレクションやトピックに含まれるレポートの種類や順番を編集するには、ナビゲーションで[レポート]をクリックし、最下部にある[ライブラリ]をクリックすると、[ライブラリ]画面が表示されるので、[コレクション]にある目的のコレクションの[コレクションを編集]をクリックします。表示される画面の左側で現在表示されているコレクションやトピックのレポートが一覧で表示されるので、レポート名、トピック名の左に表示されているアイコンをドラッグして順序を入れ替えます。レポート名、トピック名の右にある[×]アイコンをクリックするとレポートやトピックを削除できます。また、新しいレポートを追加したいときは、画面右の一覧から追加したいレポートを左の現在のレポートの目的の位置までドラッグします（SECTION5-14参照）。

［探索］

［探索］は、ユーザーがオリジナルのレポートを作成し、必要な視点で分析できる機能です。指標やディメンションを設定し、期間や属性などの範囲を指定して、必要なレポートを自由に作成できます。また、レポートのテンプレートが用意されていて、指標やディレクトリ、値などを設定すれば簡単にレポートを生成することができます。［探索］を使いこなして、効率よく企画や戦略を立ててみましょう。

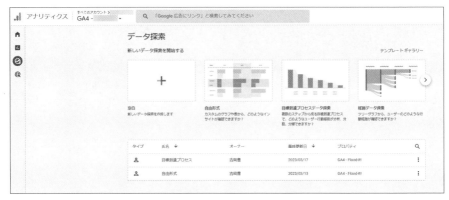

手法のテンプレートが7種類、使用例のテンプレートが3種類、業種のテンプレートが2種類用意されています。

●手法

［自由形式］

グラフや表を作成して、Webサイトとユーザーの傾向を確認して、戦略立案、企画修正などに役立てます。

［目標到達プロセスデータ探索］

複数のステップから成る目標到達プロセスで、ユーザーの行動経路を分析し、アプローチ方法、開発などに役立てます。

［経路データ探索］

ツリーグラフで、ユーザーの行動経路を確認し、プライオリティの高いユーザーやコンテンツの改良点などを確認します。

［セグメントの重複］

セグメントの重なりから、プライオリティの高いデータの特徴や傾向などを分析します。

[ユーザーエクスプローラ]

ユーザーのアクションを詳しく調べることによって、ユーザーの傾向や行動分析などを行えます。

[コホートデータ探索]

コホートの行動の推移から、ユーザーの行動パターンなどを分析し、戦略立案などに役立てます。

[ユーザーのライフタイム]

ユーザーのライフタイム全体を分析し、どれだけの利益をもたらすかを導きます。

●使用例

[ユーザー獲得]

新規ユーザーが、Webサイトまたはアプリに初めてたどり着いた方法を把握できます。

[コンバージョン]

コンバージョンに到達するユーザーの傾向や特徴を分析して、戦略を立てたり、改善点を導いたりできます。

[ユーザーの行動]

ランディンポイントからWebサイトやアプリ内を移動した経路を確認して、ユーザーの傾向を分析します。

●業種

[eコマース]

オンラインストアなど、eコマースサイト、アプリのデータを確認、分析して、企画や戦略の立案に役立てます。

[ゲーム]

ゲームのデータからユーザーの傾向や特徴を分析して、戦略立案に役立てます。

［広告］の画面

　［広告］では、Google広告のアカウントとGA4のアカウントを連携させて、広告データを集計・分析することができます。

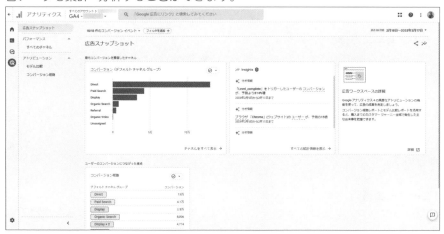

Google広告のアカウントと連携させて広告のデータを詳しく分析することができます

［管理］の画面

　［管理］は、GA4のアカウントや機能などを制御する設定がまとめられた画面です。［管理］は、アカウントの機能を制御・管理するための［アカウント］メニューとプロパティの機能・管理するための［プロパティ］メニューが用意されています。適切なレポートを作成できるように、各機能を正しく設定しましょう。

1-4 機械学習を利用した予測機能とは

GA4で最も画期的な新機能は、機械学習による予想機能でしょう。機械学習による予想機能では、収集した膨大なデータから「購入の可能性」、「離脱の可能性」、「予測収益」の3つの指標を予測できます。予測機能を使って、データを予測し、企画、戦略立案に使ってみましょう。

GA4の予測機能とは

　GA4の予測機能とは、蓄積された膨大なデータから機械学習によって予測値を導き出す機能のことです。予測機能では、過去のデータからユーザーの今後の行動を予測する「予測指標」と、特定の行動を起こす可能性があるユーザーのリストを作成できる「予測オーディエンス」の2つの機能が用意されています。予測機能を使いこなして、効率のよい広告の配信やキャンペーンの立案などにつなげていきましょう。

❶過去28日の間の7日間で予測条件に当てはまるユーザーが1000人以上、当てはまらないユーザーが1000人以上のデータが必要です。

❷モデルの品質が一定期間維持されていること。

❸購入の可能性と予測収益の両方を対象とするには、purchaseとin_app_purchaseのどちらかひとつを設定する必要があります。またpurchaseイベントを収集する場合は value と currency パラメータも収集する必要があります。

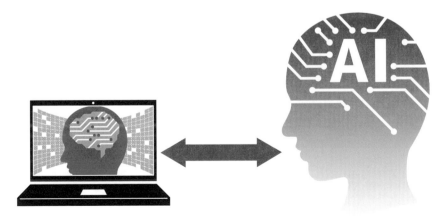

ユーザーの今後の行動を予測する

　「予測指標」は、集積したデータから機械学習を利用して、ユーザーの今後の行動を予測する機能です。この機能を使って予測できる指標は、「購入の可能性」、「離脱の可能性」、「予測収益」の3つです。

❶購入の可能性
過去28日間に操作したデータを基に、今後7日以内に特定のコンバージョンイベントが記録される可能性を予測します。

❷離脱の可能性
過去7日以内にWebサイトやアプリを操作したユーザーが、今後7日以内に操作を行わない可能性を予測します。

❸予測収益
過去 28 日間に操作を行ったユーザーが今後 28 日間で達成するコンバージョンによって得られる総収益を予測します。

目標を達成する可能性のあるユーザーリストを作成する

　「予測オーディエンス」は、特定の条件に当てはまるユーザーのリストを作成できる機能です。予測オーディエンス機能を利用すると、商品購入などコンバージョンを達成する可能性があるユーザーの特徴を分析しリストを自動的に作成することができます。コンバージョンデータを読み込んで傾向と特徴を抽出しする必要がなくなり、次のアプローチのスピードを上げることができます。2023年3月現在、予測オーディエンスで作成できるリストは次の5種類です。

●7日以内に離脱する可能性が高い既存顧客
●7日以内に離脱する可能性が高いユーザー
●7日以内に購入する可能性が高い既存顧客
●7日以内に初回の購入を行う可能性が高いユーザー
●28日以内に利用額上位になると予測されるユーザー

CHAPTER 02

GA4を利用する準備をしよう

GA4を利用するには、GoogleアカウントのほかにGoogle Analytics アカウントを取得し、プロパティを作成します。また、GA4からは対象のWebサイトとアプリごとにデータストリームをプロパティに設置する必要があります。まずは、Google Analyticsアカウントとプロパティを作成して、GA4を利用できるようにしましょう。

2-1 Google Analytics アカウントを作成する

GA4を利用するには、GoogleアカウントのほかにGoogle Analyticsアカウントを用意する必要があります。Google Analyticsアカウントは、1運営（企業または個人）につき1つ必要です。Google Analyticsアカウントを取得してアクセス解析を始めましょう。

Google Analyticsアカウントとは

　「Google Analyticsアカウント」は、Google Analyticsの階層構造で最上位にあたり、システム管理者ごとに作成します。Webサイトとアプリの両方を運営している場合でも、1つのアカウント取得でこれらをまたぐアクセスの分析も、それぞれのアクセス解析も行えます。なお、Google Analyticsアカウントを取得するには、あらかじめGoogleアカウントを取得しておく必要があります。Google Analyticsアカウントには、9ケタのアカウントIDが割り振られ、アカウント名には運営者を示す名前を設定します。また、Google Analyticsアカウントは、最大100個まで作成、管理することができます。

Google Analyticsアカウントの作成

① Googleマーケティングプラットフォームのページを表示する

Webブラウザで、Googleマーケティングプラットフォームのページを開き、[さっそく始める]をクリックします。

② アカウント名を入力する

[アカウント名]のテキストボックスに、サイト名など管理しやすい名前を入力し、スクロールして下部を表示します。なお、アカウント名は後から変更することができます。また、Google Analyticsで収集したデータをGoogleと共有して差し支えない場合は、[Googleのプロダクトとサービス]をオンにします（コラム参照）。

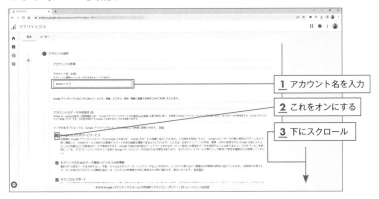

1 アカウント名を入力

2 これをオンにする

3 下にスクロール

─── COLUMN ───

データをサービス向上に役立てる

　手順2の図にある[Googleのプロダクトとサービス]をオンにすると、Google Analyticsで収集されたデータがGoogleと共有され、ユーザーの行動パターンを分析するなどしてサービス改善のために役立てられます。データのGoogleとの共有が差し支えない場合は、オンにしても良いでしょう。

③ [次へ]をクリックして手順を進める

他のデータ共有オプションがオンになっているのを確認し、[次へ]をクリックして手順を進めます。

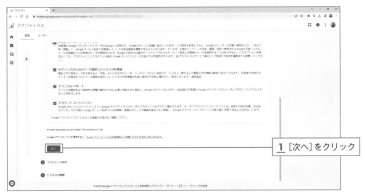

1 [次へ]をクリック

02

GA4を利用する準備をしよう

プロパティ名を登録する

④

[プロパティ名]にプロパティ名を入力します。「管理用」、「営業用」など運用する際にわかりやすい名前にします。日本語も可能です。[レポートタイム]に[日本]を、[通貨]に[日本円(¥)]を選択して、[次へ]をクリックします。

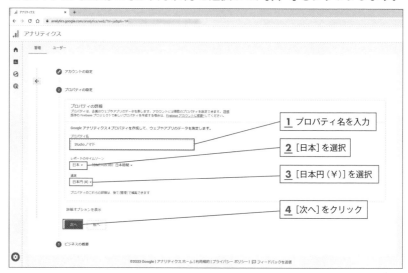

1 プロパティ名を入力

2 [日本]を選択

3 [日本円(¥)]を選択

4 [次へ]をクリック

ビジネスの概要を登録する

⑤

[業種]、[ビジネスの規模]に当てはまるものをそれぞれ選択し、該当する利用目的をオンにして、[作成]をクリックします。なお、利用目的は複数選択可能です。

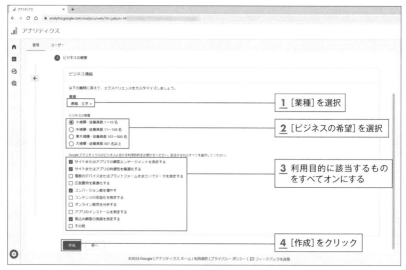

1 [業種]を選択

2 [ビジネスの希望]を選択

3 利用目的に該当するものをすべてオンにする

4 [作成]をクリック

02

GA4を利用する準備をしよう

062

6 ▶ Googleアナリティクス利用規約に同意する

国名で［日本］を選択し、［Googleアナリティクス利用規約］の内容を確認して、［GDPRで必須となるデータ処理規約にも同意します］をオンにし、外側のスライダーを下にドラッグします。

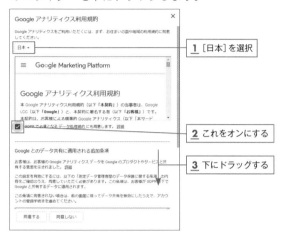

1 ［日本］を選択

2 これをオンにする

3 下にドラッグする

7 ▶ 管理者間データ保護条項に同意する

管理者間データ保護条項の内容を確認し、同意の確認をオンにして、［同意する］をクリックします。

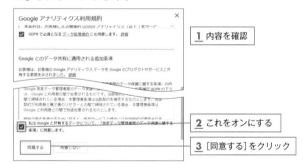

1 内容を確認

2 これをオンにする

3 ［同意する］をクリック

COLUMN

Googleタグとは

「Googleタグ」は、Webサイトに追加するだけで、Google AnalyticsやGoogleアドセンスなど、Googleが提供するサービスやプロダクトを利用できるようにするコードです。ユニバーサルアナリティクスでは、「グローバルサイトタグ」と呼ばれていましたが、GA4へのアップグレードでGoogleタグと名前が変更になりました。

⑧ プラットフォームの種類を選択する

Google Analyticsアカウントとプロパティが作成されます。プラットフォームの種類に［ウェブ］を選択します。

⑨ ウェブストリームを設定する

［http://］または［https://］のいずれかを選択し、続くWebサイトのURLを入力して、データストリーム名を入力し、［ストリームを作成］をクリックします。ストリーム名には、対象となるWebサイトの名前を入力します。

⑩ GA4での設定が完了した

Google Analyticsアカウントとプロパティ、データストリームが作成されました。データの計測を開始するには、Webサイト側にGoogleタグ（トラッキングコード）を設定する必要があります（Section2-3参照）。

2-2 Google タグマネージャーと連携する

Webサイトを運営していく上で、決済サービスやアクセス解析など、さまざまなツールやサービスとの連携は必須です。Googleタグマネージャーを利用すると、ツールやサービスのタグを一元管理することができ、それらを効率よく更新したりメンテナンスしたりすることができます。

Google タグマネージャーとは

　「タグマネージャー」は、Webサイトやアプリに含まれるトラッキングコードや関連コードなどのタグを一括管理できるタグ管理システムです。Webサイトやアプリには、GA4をはじめ、ツールやサービスを導入するとそのたびにタグを埋め込まなければなりません。いつ、どのサービスのタグを、どこに埋め込んだのかといったことを管理するのは大変です。タグマネージャーを利用すると、ツールやサービスのタグを一括で管理したり、タグを更新したりすることができます。

▼Google タグマネージャーの画面

Googleタグマネージャーを導入するメリット

Googleタグマネージャーを導入すると、次のようなメリットがあります。

さまざまなツール、サービスなどのタグを一元管理できる

Google タグマネージャーは、Google Analyticsをはじめ、Google広告、Yahoo!広告など、さまざまなツールやサービスのタグを一元管理できます。

HTMLを編集することなくタグを管理できる

HTMLを編集せずにタグの設定や管理が行えます。HTMLを編集することによる時間のロスや入力ミスといったリスクを避けることができます。

タグのバージョン管理が楽

Google タグマネージャーでは、タグのバージョンや更新時期などを管理することができ、トラブルが起こった場合でも、タグのバージョンを戻すこともできます。

タグの動作を検証できる

プレビューモードが用意されていて、Webサイトを公開する前に、設置したタグが正しく動作しているか確認することができます。

GA4でイベントデータを取得できる

ページのスクロール率やボタンクリックなど、GA4単体では計測できないイベントデータを計測することができます。

COLUMN

タグマネージャー導入のデメリット

タグマネージャーをGA4と連携させると、さまざまなツールのタグを一元管理することができます。それは裏を返せば、タグマネージャーにトラブルがあった場合にすべてが停止することを意味します。また、SNSのシェアボタンを生成するJavaScriptなどは、タグマネージャーで管理することはできません。このように、すべてのタグを管理できるわけではないこともタグマネージャーの弱点といえます。しかし、タグマネージャーの弱点やリスクを差し引いても、導入のメリットの方が大きく、システムを効率よく管理することができます。

Googleタグマネージャーのアカウントを作成する

① [無料で利用する]をクリックする

Googleタグマネージャーのホームページを表示し、[無料で利用する]をクリックします。

1 [無料で利用する]をクリック

② Googleアカウントにログインする

Gmailアドレスを入力し、[次へ]をクリックして、以降の画面の指示に従ってGoogleアカウントにログインします。

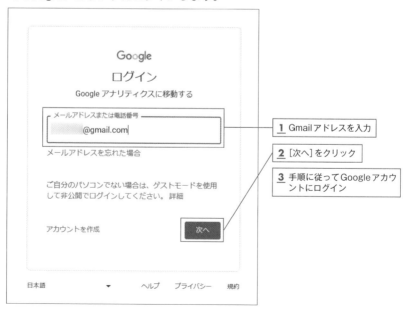

1 Gmailアドレスを入力

2 [次へ]をクリック

3 手順に従ってGoogleアカウントにログイン

③ タグマネージャーのアカウントを作成する

Gmailアドレスを入力し、[次へ] をクリックして、以降の画面の指示に従ってGoogleアカウントにログインします。

1 [アカウントを作成] をクリック

④ アカウントの情報を入力する

[アカウント名] に企業名やWebサイト名など、わかりやすい名前を入力し、[国] で [日本] を選択して、[Googleや他の人と匿名でデータを共有] をオンにします。

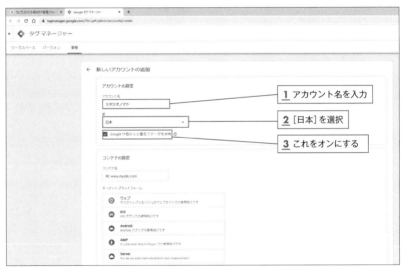

1 アカウント名を入力

2 [日本] を選択

3 これをオンにする

COLUMN

コンテナとは

「コンテナ」は、タグマネージャーで設定するタグを収納しておく領域で、一般的に管理する1Webサイト (1ドメイン) につき1コンテナを用意します。そのため、コンテナ名にはWebサイトの名前やURLを登録しておくとよいでしょう。

⑤ コンテナの情報を入力する

[コンテナ名]にWebサイトのドメインを入力し、[ウェブ]を選択して、[作成]をクリックします。

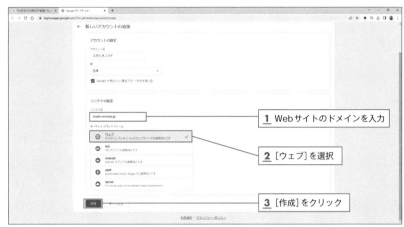

1 Webサイトのドメインを入力

2 [ウェブ]を選択

3 [作成]をクリック

⑥ Googleタグマネージャー利用規約に同意する

利用規約の内容を確認して、[GDPRで必須となるデータ処理規約にも同意します]をオンにし、右上の[はい]をクリックします。

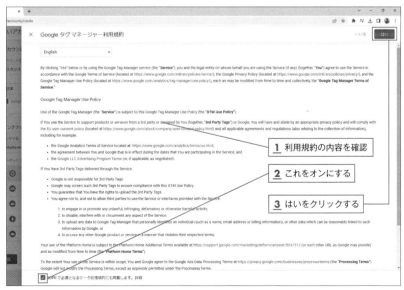

1 利用規約の内容を確認

2 これをオンにする

3 はいをクリックする

02

GA4を利用する準備をしよう

コードが発行された

Googleタグマネージャーのトラッキングコードが発行されます。Webサイトに設定するため、トラッキングコードを表示しておきます。

WordPressにタグマネージャーを設置する（コードの貼り付け）

① [テーマファイルエディター]を表示する

WordPressのダッシュボードを表示し、[外観]→[テーマファイルエディター]を選択して、[テーマファイルエディター]を表示します。

1 [外観]→[テーマファイルエディター]を選択

COLUMN

テーマファイルにコードを設置する

WordPressにトラッキングコードを設置する場合、上記の手順に従ってテーマの[header.php]というファイルにトラッキングコードを貼り付けます。なお、[header.php]にGoogle Analyticsのトラッキングコードを設置されている場合、二重計測になってしまうため、Google Analyticsのトラッキングコードを削除する必要があります。また、この方法でタグマネージャーを設置すると、テーマを変更する場合に古いテーマファイルからコードを削除し、新しいテーマファイルに貼り付け直す必要があります。

② トラッキングコードをコピーする

タグマネージャーのトラッキングコードの画面を表示し、上のコードの 🗐 を
クリックして、上のコードをコピーします。

— COLUMN —

HTMLを編集してタグマネージャーを設置する

　HTMLを編集してタグマネージャーを設置する場合は、手順2の図の上段にあるト
ラッキングコードを [header] タグの直後に、下段にあるコードを [body] タグの直後に
貼り付けてファイルを更新します。

---

③ [head] タグの下に貼り付ける

[テーマファイル] の一覧で [header.php] をクリックし、[head] タグの下
にコピーしたトラッキングコードを貼り付けます。

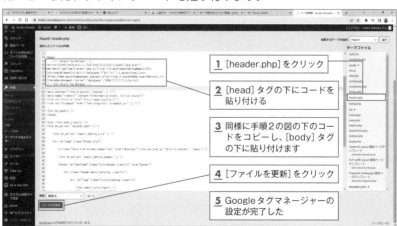

WordPressにタグマネージャーを設置する（[Site Kit]プラグイン）

① [Site Kit]プラグインの[設定]画面を表示する

WordPressのダッシュボードを表示し、ナビゲーションで[Site Kit] → [設定]を選択します。

1 [Site Kit] → [設定]をクリック

② タグマネージャーのセットアップを開始する

[タグマネージャーのセットアップ]をクリックします。

1 [タグマネージャーのセットアップ]をクリック

③ Googleアカウントにログインする

目的のGoogleアカウントをクリックします。

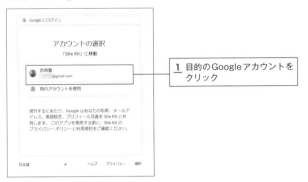

1 目的のGoogleアカウントを
　クリック

④ [Site Kit] のアクセスを許諾する

[続行]をクリックして[Site Kit]によるGoogleアカウントへのアクセスを
許諾します。

1 [続行]をクリック

⑤ 設定するアカウントを選択する

目的のアカウントとコンテナを選択し、[確認して続ける]をクリックします。

1 目的のアカウントを選択

2 目的のコンテナを選択

3 [確認して続ける]をクリック

⑥ [Site Kit] プラグインにタグマネージャーが設定された

[Site Kit] プラグインにタグマネージャーが設定されました。続けて、二重計測を防ぐため、GA4の接続を解除します。ナビゲーションで [Site Kit] の [設定] をクリックします。

1 [Site Kit] の [設定] をクリック

COLUMN

二重計測を解除する

　[Site Kit] プラグインのインストールは、Google Analytics との連携が必須となっています。タグマネージャーにはGA4のタグが設定されるため、[Site Kit] プラグインでタグマネージャーを導入すると、Webサイトのデータを二重計測することになります。そのため、[Site Kit] プラグインに設定された Google Analytics は接続を解除します。

⑦ [アナリティクス] をクリックする

[接続済みサービス] をクリックし、[アナリティクス] をクリックして、Google Analyticsの設定画面を表示します。

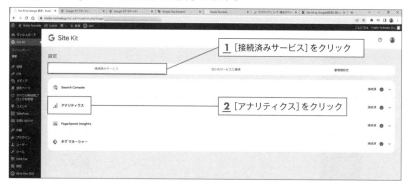

1 [接続済みサービス] をクリック

2 [アナリティクス] をクリック

⑧ [アナリティクス] の編集画面を表示する

[編集] をクリックします。

1 [編集] をクリック

⑨ Google アナリティクスへの接続を解除する

[アナリティクスを Site Kit から切断] をクリックして、Google Analytics への接続を解除します。

1 [アナリティクスを Site Kit から切断] をクリック

⑩ [接続解除] をクリックする

確認画面が表示されるので、[接続解除] をクリックして、Google Analytics への接続を解除します。

1 [接続解除] をクリック

2 Google Analytics への接続が解除された

タグマネージャーにGA4の計測タグを設定する

① ウェブストリームの詳細画面を表示する

GA4の[管理]画面を表示し、[プロパティ]列の[データストリーム]をクリックし、目的のウェブストリームをクリックします。

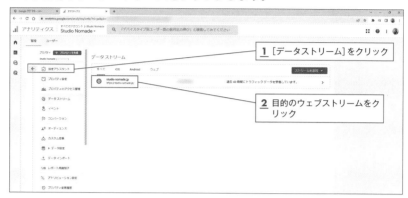

1 [データストリーム]をクリック

2 目的のウェブストリームをクリック

— COLUMN —

計測タグとトリガーを理解しよう

ユーザーが特定の動作をしたときにデータを計測するコードのことを「タグ」または「計測タグ」といいます。また、計測タグが実行される条件のことを「トリガー」といいます。例えば、ユーザーがリンクをクリックしてページを読み込むと、「ページビュー数」が計測されますが、その際のトリガーは「ページの読み込み」となります。

② 測定IDをコピーする

[測定ID]の 🗐 をクリックして、測定IDをコピーします。

1 [測定ID]の 🗐 をクリック

新規タグを作成する

③ Google タグマネージャーを表示し、ナビゲーションで[タグ]をクリックし、[新規]をクリックします。

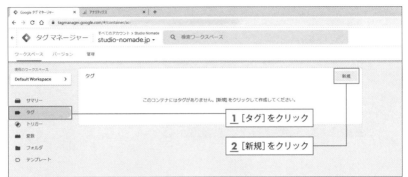

タグの名前を変更する

④ タグの名前にタグの目的などわかりやすい名前を入力し、[タグの設定]をクリックします。

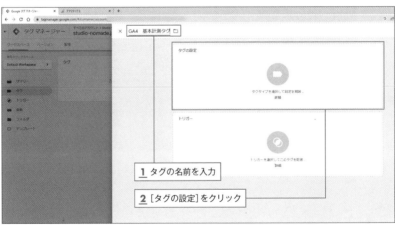

COLUMN

GA4設定タグを設定する

　[GA4設定]タグは、GA4でイベントデータを計測する際のベースとなるタグです。分析の対象となるすべてのページに設定する必要があるため、トリガーに[All Pages]を選択します(手順7図を参照)。

5 タグタイプを選択する

[Googleアナリティクス：GA4設定]をクリックします。

1 [Googleアナリティクス：GA4設定]をクリック

6 測定IDを登録する

[測定ID]のテキストボックスにコピーしたGA4の測定IDを貼り付けて、[トリガー]のボックスをクリックします。

1 コピーしたGA4の測定IDを貼り付ける

2 [トリガー]をクリック

7 トリガーに[All Pages]を選択する

[All Pages]をクリックする。

1 [All Pages]をクリック

02

GA4を利用する準備をしよう

8 タグを保存する

[保存]をクリックしてタグを保存します。

1 [保存]をクリック

9 [公開]をクリックする

[公開]をクリックします。

1 [公開]をクリック

10 タグを公開する

[バージョン名]にタグのバージョン名を入力し、バージョンの説明を入力して、[公開]をクリックします。

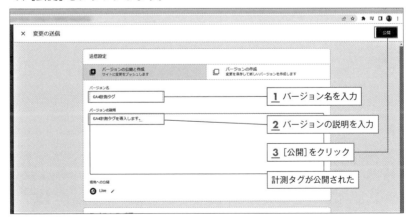

1 バージョン名を入力

2 バージョンの説明を入力

3 [公開]をクリック

計測タグが公開された

2-3 Webサイトに Googleタグを設置する

GA4をはじめて設置する場合は、WebサイトにGA4で取得したGoogleタグをWebサイトに設置する必要があります。ここでは、GoogleタグをHTMLに手動で貼り付ける方法とWebサイトにインストールされているプラグインを利用する方法を解説します。

GA4のGoogleタグをコピーする

① GA4のプロパティに切り替える

[管理]画面を表示し、[プロパティ]列の最上部にあるプロパティ名の▼をクリックして、プロパティの一覧を表示します。

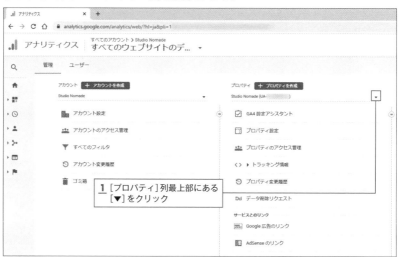

1 [プロパティ]列最上部にある[▼]をクリック

COLUMN

HTMLにGoogleタグを組み込む

Googleタグを手動でWebサイトに組み込むには、GA4でGoogleタグをコピーし、WebサイトのHTML編集画面で[header]タグの直後に貼り付けます。この場合、Webサイトを編集したり、テンプレートを変更したりする際に、Googleタグを設置し直す必要がある場合もあるため注意が必要です。

② GA4のプロパティを選択する

一覧からGA4のプロパティを選択します。

③ [データストリーム]画面を表示する

[プロパティ]列にある[データストリーム]をクリックします。

④ ウェブストリームの設定画面を表示する

[ウェブ]を選択し、目的のウェブストリームをクリックして、[ウェブストリームの詳細]画面を表示します。

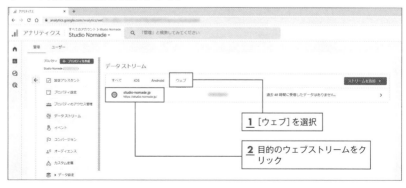

[実装手順] 画面を表示する

5

最上部に表示されている [タグの実装手順を表示する] をクリックします。

> **1** [タグの実装手順を表示する]
> をクリック

タグをコピーする

6

[手動でインストールする] をクリックし、表示される画面で 🗇 をクリックして Google タグをコピーします。

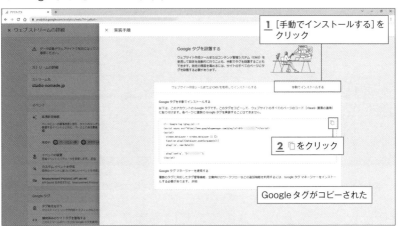

> **1** [手動でインストールする] を
> クリック

> **2** 🗇 をクリック

> Google タグがコピーされた

COLUMN

Webサイトにタグを設定する際のトラブル

　WebサイトのHTMLにGA4のタグを設定する場合、計測したいすべてのページに設置する必要があります。また、GA4のタグは1文字でも違っていると、正しく稼働しません。このように、GA4のタグのHTMLへの設置は、比較的トラブルが起こりやすい傾向にあるため、次のようなことに気を付けましょう。
- GA4のタグが必要なページすべてに設置されているか
- GA4のタグが正しい位置に設置されているか
- GA4のIDが正しいものが設置されているか
- GA4のタグに余分な空白や文字が含まれていないか

HTMLにGoogleタグを設置する

① [header] タグの直下にカーソルを表示する

Web サイトのHTML編集画面を表示し、[header] タグの直下をクリックして、カーソルを表示します。

1 [header] タグの直下をクリック

② Googleタグを貼り付ける

キーボードで [Ctrl] + [V] キーを押してコピーしたGoogleタグを貼り付けて、HTMLを上書き保存します。

1 [Ctrl] + [V] キーを押す

2 HTMLにGoogleタグが貼り付けられた

WordPress に Google タグを貼り付ける

① テーマファイルの編集画面を表示する

WordPressのダッシュボードを表示し、左側にあるナビゲーションで [外観]
→ [テーマファイルエディター] を選択します。

1 WordPressのダッシュボードを表示

2 [外観] → [テーマファイルエディター] を選択

② ヘッダーPHP の編集画面を表示する

右側にあるテーマファイルの一覧で [header.php] を選択し、ヘッダーPHP
の編集画面を表示して、最下部をクリックしカーソルを表示します。

1 [header.php] を選択

2 最下部をクリックしてカーソルを表示

WordPressへのGoogleタグの設置

WordPressを使ったWebサイトへのGoogleタグの設置は、テーマ（Webサイトのデザインテンプレート）の「header.php」にコードを貼り付けます。この場合、Googleタグは、Webサイトのテーマ（デザインのテンプレート）に設置されることになるため、テーマを変更する場合は、古いほうのテンプレートからGoogleタグを削除したうえで、新しいテーマに設置する必要があります。WordPressを利用している場合は、[Site Kit by Google] プラグインを利用して設置した方が良いでしょう（次の見出し参照）。

③ コードを貼り付けて保存する

キーボードで [Ctrl] + [V] キーを押してGoogleタグを貼り付け、[ファイルを更新] をクリックします。

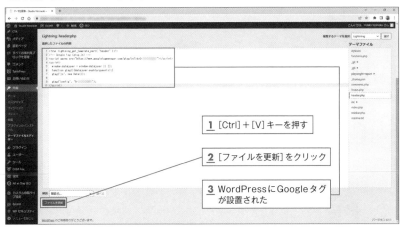

1 [Ctrl] + [V] キーを押す

2 [ファイルを更新] をクリック

3 WordPressにGoogleタグが設置された

[Site Kit by Google] プラグインとは

[Site Kit] プラグインは、Googleが開発、配布しているWordPress用プラグインです。[Site Kit] プラグインでは、Google AnalyticsやGoogle タグマネージャー、Google AdSense、Search Consoleといった複数のツールからデータを収集し、分析情報を表示します。また、[Site Kit] プラグインにGoogleタグを設定できるため、WordPressのテーマを変更する場合もGoogleタグを設定し直す必要はありません。

WordPress に [Site Kit] プラグインを使って設置する

① [Site Kit] プラグインをインストールする

WordPress のダッシュボードを表示し、ナビゲーションで[プラグイン]→[新規追加]を選択して、「Site Kit」をキーワードに検索を実行します。表示された結果で、[Site kit by Google]の[今すぐインストール]をクリックします。

② プラグインを有効化する

[有効化]をクリックして、プラグインを有効にします。

③ プラグインをセットアップする

[セットアップを開始]をクリックして、プラグインのセットアップを開始します。

1 [セットアップを開始]をクリック

④ アナリティクスとの連携を有効にする

[Googleアナリティクスを、設定の一部として接続しましょう。]をオンにし、データの共有設定をオンにして、[Googleアカウントでログイン]をクリックします。

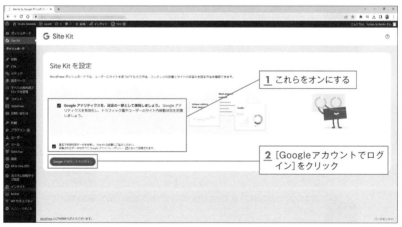

1 これらをオンにする

2 [Googleアカウントでログイン]をクリック

5 GA4の測定IDを確認する

GA4の測定IDを確認し、[アナリティクスの構成]をクリックします。

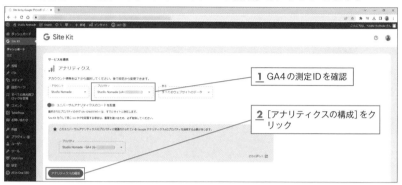

1 GA4の測定IDを確認

2 [アナリティクスの構成]をクリック

6 アナリティクスとの連携が設定された

GA4との連携が設定され、データが表示されます。ナビゲーションで [Site Kit] にある [設定] をクリックします。

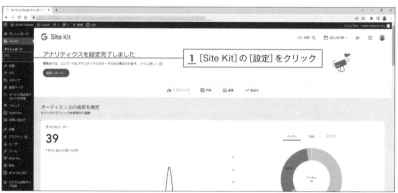

1 [Site Kit] の [設定] をクリック

7 アナリティクスの設定画面を表示する

[接続済みサービス] を選択し、[アナリティクス] をクリックして画面を展開します。

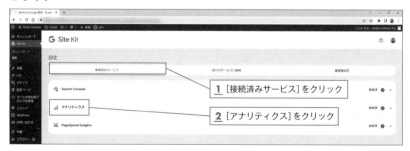

1 [接続済みサービス] をクリック

2 [アナリティクス] をクリック

02

GA4を利用する準備をしよう

088

⑧ [スニペットを挿入しています] と表示されているのを確認する

[Googleアナリティクス4コードスニペット] に [スニペットを挿入しています] と表示されていれば、GA4とプラグインの連携が正常に機能していることを示します。

データの計測を確認する

① [リアルタイム] レポートを表示する

Webブラウザで自分のWebサイトを表示し、GA4で [レポート] → [リアルタイム] をクリックして、[リアルタイム] レポートを表示します。データの計測が成功していれば、自分のアクセスが計測され「1」が表示されます。

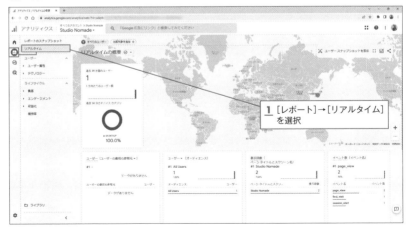

1 [レポート]→[リアルタイム]を選択

COLUMN

デモアカウントを試してみよう

Googleでは、GA4を試してみたり、学習してみたりできるように、デモアカウントを用意しています。デモアカウントでは、ユーザーに閲覧者ロールの権限が付与され、レポートデータの構成設定の表示や、レポート内でのデータの操作が可能です。デモアカウントを追加して、GA4に触れて、慣れてみましょう。デモアカウントは、次のURLのいずれかにアクセスすると、自動的に追加されます。

デモアカウント：Google Merchandise　Store
https://analytics.google.com/analytics/web/demoAccount?appstate=/p213025502

デモアカウント：Google Flood it！
https://analytics.google.com/analytics/web/demoAccount?appstate=/p153293282

デモアカウントのレポート

CHAPTER 03

GA4を使い始める ための設定をしよう

GA4は、アカウントを作成し、Webサイトやアプリに設定が完了しても、すぐに使い始められるわけではありません。自分のオフィスからのアクセスを除外したり、正しくデータを計測するためにクロスドメインを設定したりする必要があります。また、データ保持期間を初期設定の2か月から14か月に変更しておいた方が、適切に分析できるでしょう。適切なデータを計測するために、GA4を本格的に運用する前に必要な設定をしておきましょう。

3-1 データ保持期間を 14か月に設定する

GA4の初期設定では、ユーザーデータの保持期間は2か月しかありません。2か月分のデータでは、企画を立てたり適切な判断をしたりすることができません。GA4のアカウントを作成したらまずデータ保持期間を14か月に変更しましょう。

データ保持期間とは

　「データ保持期間」とは、Google Analyticsのサーバーに収集された、CookieやユーザーID、広告IDに関連付けられたユーザー単位およびイベント単位のデータが保持される期間のことです。データ保持期間は、初期設定で2か月、最長でも14か月となっており、データ保持期間が経過したユーザー単位およびイベント単位のデータは削除されます。また、ユーザー属性データ（年齢、性別、趣味・趣向など）は、設定に関わらず2か月の保持期間が適用されます。なお、データ保持期間を14か月にするには、設定の変更が必要です。

データ保持期間が適用されるデータ
❶ Cookie
❷ ユーザーの識別子（User-ID）
❸ 広告ID(DoubleClick Cookie、広告 IDなど)
❹ 年齢、性別、インタレストカテゴリ（設定に関係なく2か月の保持期間を適用）

データ保持期間が適用されるのは「探索レポート」

　データ保持期間が適用されるのは、ユーザーがデータを操作してレポートを作成できる「探索レポート」です。GA4にあらかじめ用意されている「標準レポート」では、収集したデータを集計しレポート化しているため、データ保持期間が適用されません。
　「探索レポート」では、ユーザー自身が操作して、比較したりグラフ化したりするなど、高度な分析を行えます。しかし、データ保持期間が適用されるまで、最長14か月前のデータまでしか遡ることができません。

標準レポート：データ保持期間の適用なし
探索レポート：保持期間が適用

データ保持期間が制限されることによる影響

長期的なトレンド分析が難しくなる

　同じ時期に繰り返し発生するトレンドは、過去のデータを分析し有益なパターンを導き出すことが重要です。データ保持期間が最長で14か月間となれば、当然のことながら、長期的なデータの比較は難しくなり、適切な判断が難しくなるかもしれません。

過去との比較による分析が難しくなる

　キャンペーンを実施する際には、過去のデータと現状を比較し、分析して具体的な方向性や規模などを決定します。過去のデータが多いほど深く検討でき、適切な判断を下せます。データ保持期間が短くなったことで、意思決定が難しくなる場面が増えるでしょう。

データ保持期間を延長する方法

　Googleでは、GA4の有料版として「アナリティクス360」を用意しています。アナリティクス360では、データ保持期間を14か月、26か月、38か月、50か月のいずれかから選択できます。その他にも1か月あたり20億ヒット数までの大規模なデータを集計できるなど、より正確で高度な分析ができる様々な機能やサービスが用意されています。ただし、アナリティクス360は、月間10億ヒットまでは月額130万円とかなり高額になります。

　また、GA4で利用可能になったBigQueryでデータをエクスポートすることで、疑似的にデータ保持期間を延ばすことも可能です。ただし、BigQueryを利用するには、GA4のデータセットやSQLの知識も必要になります。また、無料版のBigQueryでは、1日当たり100万イベントがデータエクスポートの上限となります。

▼アナリティクス360のWebページ

データ保持期間を14か月に変更する

（1）[データ設定]のメニューを展開する

....

ナビゲーションで[管理]をクリックし、[管理]画面を表示し、[プロパティ]列にある[データ設定]をクリックしてサブメニューを展開します。

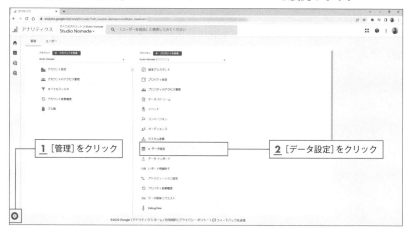

1 [管理]をクリック

2 [データ設定]をクリック

（2）[データ保持]をクリックする

....

[データ保持]をクリックし、[ユーザーデータとイベントデータの保持]画面を表示します。

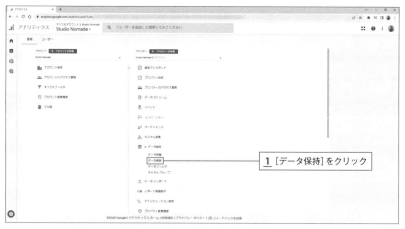

1 [データ保持]をクリック

③ データ保持期間を14か月に設定する

[イベントデータの保持]のプルダウンメニューをクリックし、表示される一覧で[14か月]を選択して[保存]をクリックします。

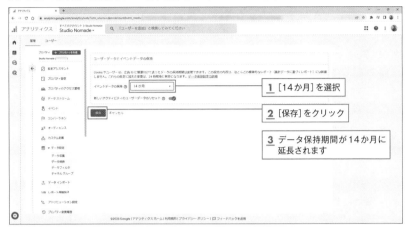

1 [14か月]を選択

2 [保存]をクリック

3 データ保持期間が14か月に延長されます

──── COLUMN ────

BigQueryでデータ保持期間を14か月以上にする

「BigQuery」は、Googleがサービスを提供するGoogle Cloudのひとつで、データを収集、管理、分析できるデータウェアハウスです。GA4とBigQueryを連携すると、GA4のデータをBigQueryへエクスポートすることができ、GA4のデータ保持期限の14か月を超えても、GA4のデータを利用することができます。データエクスポートの上限が1日当たり100万イベントという制限があり、データの活用にはSQLサーバーの専門知識が必要ですが、最も手軽なデータ保持期間の延長方法といえるでしょう。(SECTION8-3参照)

──── COLUMN ────

GA4でデータ保持期間を変更する際の注意点について

GA4のデータ保持期間を変更する際には、以下の点に注意しましょう。
- GA4では、データ保持期間が最大14カ月に設定されている
- GA4の初期設定では、データ保持期間が2カ月に設定されている
- データ保持期間を変更すると、その変更が適用されるまでの間は、以前のデータが削除される

データ保持期間を変更する場合は、誤ってデータの削除を避けるために、変更前にデータのバックアップを作成してください。

また、GA4のデータ保持期間の変更は、以下のような影響を与える可能性があります。
- レポートの期間が変更される
- レポートのグラフや表に表示されるデータが変更される
- レポートの分析結果が変更される

データ保持期間を変更する際には、これらの影響についても考慮して行いましょう。

GA4を使い始めるための設定をしよう

3-2

内部トラフィック除外を設定する

Webサイトへのアクセスデータは、社内からのアクセスを除外しなければ正確とはいえません。また、悪意のあるアクセスも除外しなければ、適切なマーケティングは難しいでしょう。このセクションでは、正確な解析をするための設定について解説します。

管理者のアクセスを除外しよう

　アクセス数が少ないほど、管理者のアクセスが大きなウエイトを占めることから、正確なアクセス解析を行えません。正確にアクセス解析を行いたい場合は、サイト管理者や特定の部署、運営会社全体からのアクセスを除外する設定を行いましょう。GA4では、フィルタを利用して管理者からのアクセスを除外することができます。

> サイトを確認しているだけなのにカウントされてしまう

グローバルIPアドレスとローカルIPアドレスの違いを知っておこう

　インターネットを介してパソコンやスマホで通信するためには、端末の場所が特定される必要があります。インターネットを介して正しく通信するために、端末の住所として割り振られた番号を「IPアドレス」と言います。そして、IPアドレスには、「グローバルIPアドレス」と「ローカルIPアドレス」の2種類があります。

03

GA4を使い始めるための設定をしよう

グローバルIPアドレス

　「グローバルIPアドレス」は、インターネットに直接接続された機器や端末を識別するために、重複することなく割り当てられたIPアドレスのことです。身近なところでは、ルーターなどインターネットに直接接続する機器に割り当てられています。同じアドレスが重複しないように、インターネット資源管理団体であるIANAによって厳しく管理されています。

ローカルIPアドレス

　「ローカルIPアドレス」は、「プライベートIPアドレス」とも呼ばれ、家庭内LANや社内LANのような小さなネットワーク内にある機器に割り振られるIPアドレスです。パソコンなどの機器には、LAN内で固有のIPが割り振られ、それを使ってルーターと通信します。ルーターは、ローカルIPアドレスをグローバルIPアドレスに変換して、外部のインターネットと通信します。

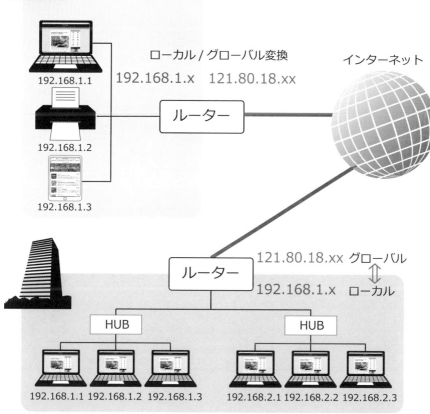

内部トラフィック除外にはグローバルIPアドレスを指定する

　GA4からの特定のアクセスを除外したいときは、グローバルIPアドレスを指定します。社内からのアクセスでも、ローカルIPアドレスを指定しても、アクセスが除外されません。使用中の機器のグローバルIPアドレスを確認するには、Webブラウザーで「グローバルIP　確認」をキーワードに検索し、検索結果に表示されるIPアドレス検索サービスで確認しましょう。

グローバルIPアドレスは、検索するとすぐに確認できます

内部トラフィックルールを登録する

① [データストリーム]画面を表示する

　ナビゲーションで[管理]をクリックして[管理]画面を表示し、[プロパティ]列で[データストリーム]をクリックします。

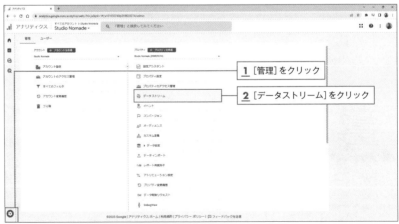

1 [管理]をクリック

2 [データストリーム]をクリック

② ウェブストリームの画面を表示する

[ウェブ]を選択し、目的のウェブストリームをクリックします。

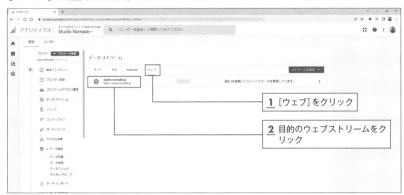

1 [ウェブ]をクリック

2 目的のウェブストリームをク
リック

③ [Googleタグ]画面を表示する

[タグ設定を行う]をクリックし、[Googleタグ]画面を表示します。

1 [タグ設定を行う]をクリック

03

GA4を使い始めるための設定をしよう

COLUMN

Googleタグについて

　Googleタグとは、Google Tag Manager（GTM）と言って、Webサイトやモバイルアプ
リに含まれるタグ（トラッキング コードや関連するコードの総称）を素早く簡単に更新
できるタグ管理システムのことです。GTMを使用すると、タグの追加や更新を行うため
にWebサイトやモバイルアプリのコードに直接アクセスする必要はありません。GTM
の管理画面から、タグの設定を追加、編集、削除することができるので、Webサイトや
モバイルアプリの分析、広告、マーケティングなどのタグの管理に最適なツールです。

④ メニューを展開する

[設定]にある[すべて表示]をクリックして、非表示になっているメニューを
展開します。

⑤ [内部トラフィックの定義] 画面を表示する

[内部トラフィックの定義]をクリックして[内部トラフィックの定義]画面
を表示します。

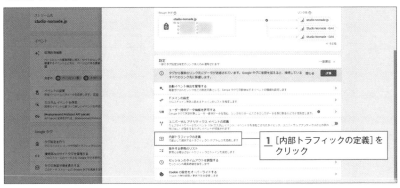

⑥ ルールの作成画面を表示する

[作成]をクリックして、内部トラフィックのルール作成画面を表示します。

7 ルールを登録する

[ルール名]に除外するアクセスの名前をわかりやすく入力します。[マッチタイプ]では除外したいIPアドレスの数や種類に合わせて条件を選択し、[値]には除外したいIPアドレスを入力して、[作成]をクリックします。

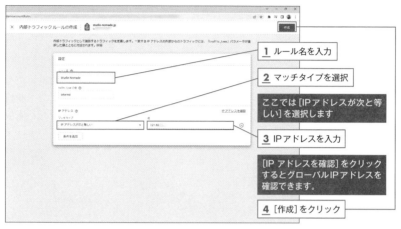

1 ルール名を入力

2 マッチタイプを選択

ここでは[IPアドレスが次と等しい]を選択します

3 IPアドレスを入力

[IPアドレスを確認]をクリックするとグローバルIPアドレスを確認できます。

4 [作成]をクリック

--- COLUMN ---

内部トラフィックルールを登録する

手順7の図では、除外するトラフィックルールを登録します。[ルール名]には、「自宅」や「社名」のようにわかりやすいトラフィック名を入力します。[traffic_typeの値]は[Internal]のままにし、[値]には除外するグローバルIPアドレスを入力します。[マッチタイプ]では、除外するトラフィックのタイプに合わせて適切なものを選択します(下記参照)。なお、複数のトラフィックを除外する場合は、[条件を追加]をクリックして、除外するIPアドレスを追加します。除外できるトラフィックは、1つのルールにつき10個までです。

8 内部トラフィックルールが設定された

内部トラフィックルールが設定されました。なお、この画面では、内部トラフィックルールが登録されただけで無効のままです。ルールを有効にするには、次ページ以降の手順でデータフィルタを有効にします。

ルールを有効にするには、次ページ以降の手順でデータフィルタを有効にします。

内部トラフィックルールを有効にする

① [データフィルタ]画面を表示する

ナビゲーションで[管理]をクリックして[管理]画面を表示し、[プロパティ]列で[データ設定]→[データフィルタ]をクリックします。

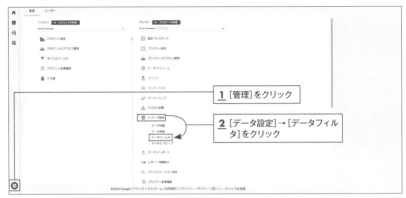

1 [管理]をクリック

2 [データ設定]→[データフィルタ]をクリック

② [内部トラフィック]フィルタを選択する

内部トラフィックルールのフィルタをクリックします。

1 内部トラフィックルールのフィルタをクリック

③ 内部トラフィックルールのフィルタを有効にする

画面を下にスクロールし、[フィルタの状態]にある[有効]をクリックします。

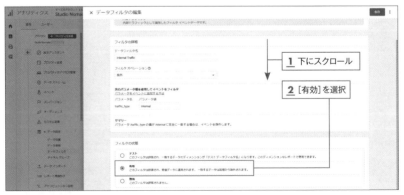

1 下にスクロール

2 [有効]を選択

フィルタを有効にする

4

[フィルタを有効にする]をクリックし、内部トラフィックルールのフィルタ
を有効にします。

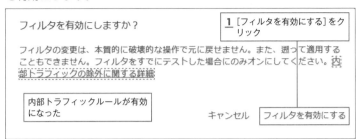

フィルタを有効にしますか？

1 [フィルタを有効にする]をク
リック

フィルタの変更は、本質的に破壊的な操作で元に戻せません。また、遡って適用する
こともできません。フィルタをすでにテストした場合にのみオンにしてください。内
部トラフィックの除外に関する詳細

内部トラフィックルールが有効
になった

キャンセル　フィルタを有効にする

フィルタの効果を確認する

5

自分のWebサイトにアクセスし、GA4の[リアルタイム]レポートを表示し
て、内部トラフィック除外の効果を確認します。

1 ここををクリック

COLUMN

内部トラフィックルールを有効にするメリットとは

GA4の内部トラフィックルールを有効にすることで、次のメリットがあります。
- 内部トラフィックを除外したレポートが作成できる
- 内部トラフィックの影響を受けない正確なデータを取得できる
- 外部ユーザーの行動をより深く分析できる
- 特定ページの閲覧率を正確に把握できる
- コンバージョン率を正確に把握できる

内部トラフィックとは、Googleアナリティクスにアクセスする管理者や従業員など
の、ウェブサイトの運営に携わるユーザーのトラフィックを指します。内部トラフィッ
クを除外することで、外部ユーザーの行動をより正確に把握することができます。

3-3 クロスドメイン測定を設定する

GA4の初期設定では、ドメインをまたいでアクセスすると情報を引き渡すことができず、同一ユーザーによるものとは認識できません。クロスドメイン測定を有効にすると、ユーザーが複数のドメインをまたいでも適切に計測できるようになります。

クロスドメイン測定とは

　GA4では、ファーストパーティCookieを利用して個々のユーザーとセッションを計測しています。ファーストパーティCookieはドメイン単位で保存されているため、ドメインをまたいでアクセスした場合は、連続したアクションとして計測できません。ユーザーが別のドメインへ移動するたびに新しいCookieと新しいIDが保存され、GA4では新しいユーザーによる新しいセッションとしてカウントされます。

▼**クロスドメイン設定なし**：異なるユーザーとして認識される

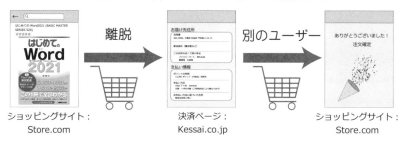

ショッピングサイト：　　　　　決済ページ：　　　　　　　ショッピングサイト：
　Store.com　　　　　　　　Kessai.co.jp　　　　　　　Store.com

　ドメインをまたがるアクセスでも、同一ユーザーによるセッションと計測するには、クロスドメイン計測を設定します。クロスドメイン計測では、移動先のドメインを登録し、自分のドメインと共通のIDを渡すように設定することで、同一ユーザーによるセッションと認識できるようになります。

▼**クロスドメイン設定あり**：同じユーザーとして認識される

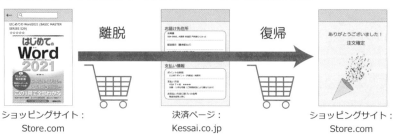

ショッピングサイト：　　　　　決済ページ：　　　　　　　ショッピングサイト：
　Store.com　　　　　　　　Kessai.co.jp　　　　　　　Store.com

クロスドメインを設定する

① [データストリーム] 画面を表示する

[管理] 画面を表示し、[プロパティ] 列にある [データストリーム] をクリックします。

1 [データストリーム] をクリック

② データストリームの詳細画面を表示する

目的のデータストリームをクリックします

1 目的のデータストリームをクリック

③ [Googleタグ] 画面を表示する

[Googleタグ] にある [タグ設定を行う] をクリックします。

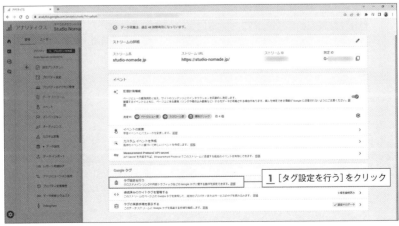

1 [タグ設定を行う] をクリック

④ [ドメインの設定]画面を表示する

[設定]にある[ドメインの設定]をクリックします。

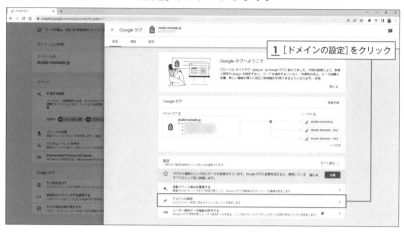

1 [ドメインの設定]をクリック

⑤ 対象となるドメインを登録する

[マッチタイプ]で適切なものを選択し(ここでは[含む]を選択)、クロスドメイン測定の対象となるドメインを入力して、[保存]をクリックします。

1 目的のマッチタイプを選択　　**2** 対象となるドメインを入力　　**3** [保存]をクリック

COLUMN

クロスドメイン設定をする際の注意点

　クロスドメイン設定する場合、プロパティの編集権限が付与されたアカウントである必要があります。そのため、アカウントの権限が「アナリスト」や「閲覧者」の場合は、設定を変更できません。また、クロスドメイン計測を行う際には、対象となるページを同じ測定IDで管理されている必要があります。

3-4 Googleシグナルを 有効にする

従来のUAでは、アクセス元の端末が異なっていると、別のユーザーによる別のセッションとして計測していました。GA4では、Googleシグナルを有効にすることで、異なる端末からのアクセスも同一ユーザーによるセッションとして計測できます。

Googleシグナルを有効にするには

① [データの収集] をクリックする

ナビゲーションで [管理] をクリックして [管理] 画面を表示し、[プロパティ] 列で [データ設定] → [データ収集] をクリックして [Googleシグナルのデータ収集] 画面を表示します。

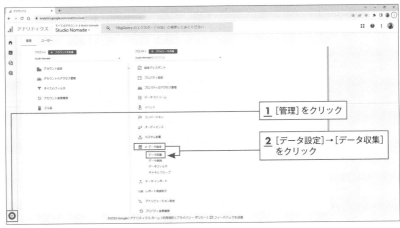

② Googleシグナルの設定画面を表示する

[設定] をクリックし、Googleシグナルの設定画面を表示します。

③ Googleシグナルでできることを確認する

Googleシグナルでできる内容が表示されるので確認し、[続行]をクリックします。

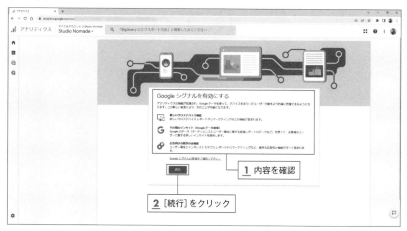

1 内容を確認

2 [続行]をクリック

④ Googleシグナルを有効にする

[有効にする]をクリックしてGoogleシグナルを有効にします。

1 [有効にする]をクリック

COLUMN

Googleシグナルとは

「Googleシグナル」は、Googleにログインしているユーザーから得られるデータです。Googleシグナルを有効にすると、ユーザーのイベントデータとGoogleシグナルが関連付けられ、クロスデバイス（パソコンとスマホなど、端末をまたがること）のイベントも同一ユーザーによるセッションとして計測できるようになります。

⑤ Googleシグナルのデータ収集が有効になった

Googleシグナルが有効になった

— COLUMN —

Googleシグナル利用のメリット

　Googleシグナルを利用すると、クロスデバイスの計測ができるほかに、ユニークユーザー数を正確に把握することができます。同じユーザーが何度も訪問しているのか、多くのユーザーが訪れているのかといったことを確認することができます。また、Googleシグナルを有効にすることで、特定のユーザーのアクションを確認することができ、広告の効果やコンバージョン増加につなげるための戦略立案に役立てることができます。

— COLUMN —

Googleシグナルを活用する際の注意点について

　Googleシグナルは、GA4でより精度の高い分析・解析を行うための機能です。しかし、Googleシグナルを活用する際には、いくつかの注意点があります。
- ●Googleアカウントを持つユーザーの情報だけが活用可能
- ●そもそもアクセス数が少ない場合には正しくカウントできないケースもある
- ●ユーザーのプライバシーに配慮する必要がある

　Googleシグナルは、Googleアカウントを持つユーザーの情報のみ活用できます。そのため、Googleアカウントを持っていないユーザーの情報は取得できません。また、アクセス数が少ない場合には、正しくカウントできないケースもあります。これは、Googleシグナルがユーザーの行動を一定期　間追跡して、そのデータを分析することで機能するためです。そのため、アクセス数が少ない場合には、十分なデータが集まらず、正しくカウントできないことがあります。

　Googleシグナルは、ユーザーのプライバシーに配慮して設計されています。そのため、ユーザーの個人情報は取得されません。ただし、ユーザーの行動に関する情報は取得されます。

03

GA4を使い始めるための設定をしよう

109

3-5 Googleサーチコンソールと連携する

Googleサーチコンソールは、ユーザーのWebサイトに来訪する前のデータを測定し分析できるツールです。サーチコンソールとGA4を連携すれば、Webサイトへの来訪前と来訪後のデータを総合的に分析することができ、より適切な判断を下せるようになります。

Googleサーチコンソールとは

　「Googleサーチコンソール」は、Googleが無償で提供している、Google検索のパフォーマンスを分析するツールです。検索結果に上位に表示される検索キーワードを探し出すなど、Webサイトにアクセスする前のイベントデータを計測することができます。計測データはSEO対策になるだけでなく、流入キーワードやイベントの種類からニーズを分析し、新商品の開発や企画の立案に役立てることができます。

▼Googleサーチコンソールのホームページ

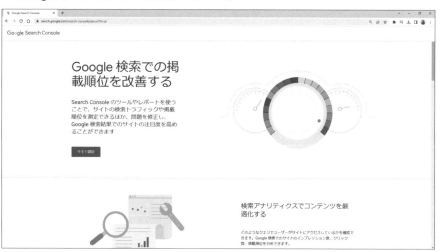

GA4とサーチコンソールを連携するメリット

サーチコンソールでは、Webサイトにアクセスする直前のアクションを計測、分析できます。GA4とサーチコンソールを連携させると、GA4の画面上にサーチコンソールで計測したデータを表示させることができ、Webサイトにアクセスする前と後のユーザーのアクションを一連の流れで分析することができます。

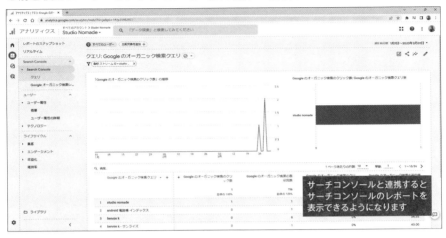

サーチコンソールと連携するとサーチコンソールのレポートを表示できるようになります

サーチコンソールと連携させる

① ［プロパティ］列を下にスクロールする

［管理］画面を表示し、［プロパティ］列を下にスクロールします。

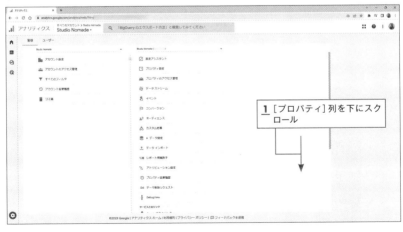

1 ［プロパティ］列を下にスクロール

② Search Console のリンクをクリックする

[Search Console のリンク]をクリックします。

1 [Search Consoleのリンク]をクリック

③ [リンク]をクリックする

[リンク]をクリックします。

1 [リンク]をクリック

④ アカウントを選択する

目的のアカウントをオンにして、[確認]をクリックします。

1 [アカウントを選択]をクリック

03

GA4を使い始めるための設定をしよう

⑤ プラグインを有効化する

[有効化] をクリックして、プラグインを有効にします。

1 目的のアカウントをオンにする

2 [確認] をクリック

⑥ [次へ] をクリックする

[次へ] をクリックします。

1 [次へ] をクリック

⑦ [選択] をクリックする

[選択] をクリックして、データストリーム選択画面を表示します。

1 [選択] をクリック

⑧ データストリームを選択する

目的のデータストリームをクリックして、選択します。

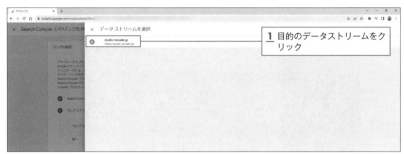

1 目的のデータストリームをクリック

⑨ [次へ]をクリックする

選択したウェブストリームを確認し、[次へ]をクリックします。

1 [次へ]をクリック

⑩ [送信]をクリックする

[送信]をクリックして、GA4とサーチコンソールを連携する。

1 [送信]をクリック

GA4とサーチコンソールが連携された

11

GA4とサーチコンソールの連携が完了しました。

レポート画面にコレクションを表示する

ライブラリを表示する

1

[レポート]をクリックし、ナビゲーションで[ライブラリ]をクリックします。

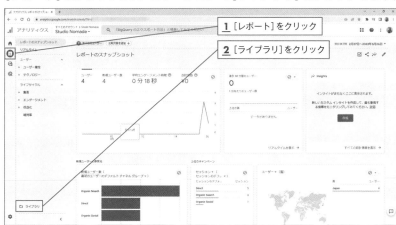

[Search Console]コレクションを公開する

2

[ライブラリ]に[Search Console]コレクションが表示されるので、⋮をクリックし[公開]を選択します。

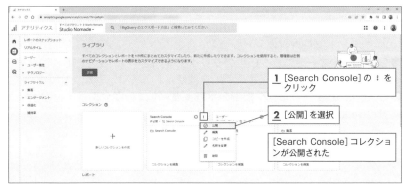

[Search Console] のレポート

　GA4とサーチコンソールを連携すると、[クエリ]レポートと [Google オーガニック検索] レポートを表示させることができ、サーチコンソールのデータをGA4上で利用できるようになります。

[クエリ] レポート：ユーザーが検索クエリ（検索キーワード）で検索した際、自社のWebサイト情報が検索結果に表示された場合に、次のようなデータを確認できます。

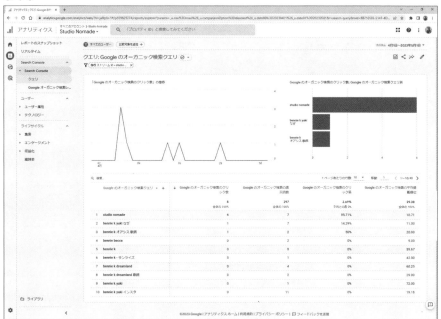

- ● **Googleオーガニック検索クエリ**：自社のWebサイトが検索結果に表示された際の検索クエリ（検索キーワード）
- ● **Google のオーガニック検索のクリック数**：検索クエリごとの検索結果で自社のWebサイトへのリンクがクリックされた回数
- ● **Google のオーガニック検索の表示回数**：検索クエリごとの検索結果に自社のWebサイト情報が掲載された回数
- ● **Google のオーガニック検索のクリック率**：検索クエリごとの検索結果に自社のWebサイト情報が掲載された際、自社サイトへのリンクがクリックされた割合
- ● **Google のオーガニック検索の平均掲載順位**：検索クエリごとの検索結果に自社のWebサイト情報が掲載された際の平均掲載順位

［Google オーガニック検索］レポート：ランディングページ（ユーザーが最初に表示するページ）を軸としたアクセスデータが表示されます。

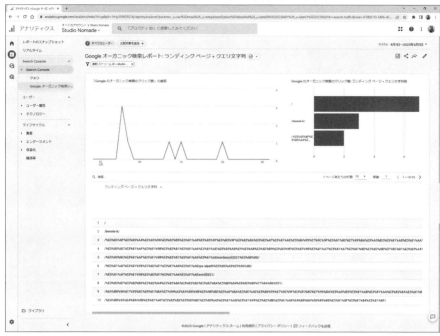

● **Google のオーガニック検索のクリック数**：ランディングページ別の検索結果で自社の Web サイトへのリンクがクリックされた回数

● **Google のオーガニック検索の表示回数**：ランディングページ別の検索結果に自社の Web サイト情報が掲載された回数

● **Google のオーガニック検索の平均掲載順位**：ランディングページ別の検索結果に自社の Web サイト情報が掲載された際の平均掲載順位

Google サーチコンソールについて

Google サーチコンソールは、Web マスターが Web サイトの Google でのパフォーマンスを確認、最適化、トラッキングできる無料のサービスです。

Google サーチコンソール に登録するには、Google アカウントを作成して所有する Web サイトの所有権を確認する必要があります。所有権を確認したら、Google サーチコンソール で Web サイトのパフォーマンスを追跡し、問題を特定して修正し、Google 検索結果での Web サイトの可視性を向上させることができます。

Google サーチコンソールを使用すると、次のようなことができます。

● **Google がサイトをクロールしてインデックスに登録できることの確認**

Google サーチコンソール の「クロール」レポートを使用すると、Google がサイトをクロールし、どのページがインデックスに登録されているかを確認できます。クロールの問題が見つかった場合は、Google サーチコンソール を使用して Google に問題を通知できます。

● **インデックス登録に関する問題を修正し、新規コンテンツや更新したコンテンツのインデックス再登録をリクエスト**

Google サーチコンソール の「インデックス」レポートを使用すると、インデックス登録に関する問題を特定し、修正することができます。また、新規コンテンツや更新したコンテンツのインデックス再登録をリクエストすることもできます。

● **サイトの Google 検索トラフィック データの確認**

Google サーチコンソール の「検索トラフィック」レポートを使用すると、サイトが Google 検索結果に表示される頻度、サイトが表示されたときの検索クエリ、検索クエリに対して検索ユーザがクリックスルーする頻度などを確認できます。このデータを使用して、Google 検索結果での Web サイトの可視性を向上させるために必要な変更を加えることができます。

● **Google がインデックス登録やスパムなどのサイトに関する問題を検出したときにアラートを受信**

Google サーチコンソール の「手動による対策」レポートを使用すると、Google がインデックス登録やスパムなどのサイトに関する問題を検出したときにアラートを受信できます。これらの問題を修正すると、Google 検索結果での Web サイトの可視性を回復することができます。

● **Web サイトにリンクしているサイトの表示**

Google サーチコンソール の「リンク」レポートを使用すると、Web サイトにリンクしているサイトを表示できます。このデータを、Web サイトのトラフィックを増やすために、リンクを増やすのに役立つ可能性のあるサイトを特定するために使用できます。

● **AMP、モバイル ユーザビリティ、その他の検索機能に関する問題の解決**

Google サーチコンソール には、AMP、モバイル ユーザビリティ、その他の検索機能に関する問題を特定して、修正するのに役立つツールとレポートが用意されています。これらの問題を修正すると、Google 検索結果での Web サイトの可視性を向上させることができます。

以上のように、Google サーチコンソール は、Web サイトの Google でのパフォーマンスを監視、管理、改善するのに役立つ強力なツールです。Web サイトのトラフィックを増やしたい場合は、Google サーチコンソール を使用して、Google 検索結果での Web サイトの可視性を向上させるための変更を加えることができます。

コンバージョン
を設定しよう

GA4では、ユーザーのすべてのアクションをイベントとして計測します。イベントにはパラメータが設定することができ、二次的な情報も取得できます。また、イベントにはコンバージョンを設定することができ、きめ細やかな分析が可能になりました。この章では、イベントの作成方法とイベントへのコンバージョンを設定する方法を中心に解説します。

4-1 コンバージョン設定とは

GA4では、ユーザーの行動をすべてイベントとして計測することができ、イベントにコンバージョン（目標）を設定することができます。適切なイベントにコンバージョンを設定することで、きめ細やかな分析が可能です。

コンバージョンとは

　「コンバージョン」とは、商品の購入やメールマガジンの購読など、ビジネスにとって価値のあるユーザーアクションのことです。コンバージョンは、ビジネスにとって最も重要なデータのひとつで、コンバージョンに至るユーザーの行動を分析し、傾向やパターンを見つけ出して、効果的な戦略立案などに役立てることができます。なお、GA4のコンバージョン設定は、1つのプロパティにつき30個までです。また、下記5つのイベントが初期設定でコンバージョン設定されていますが、これらは設定上限の30個には含まれません。

初期設定でコンバージョンに設定されているイベント

[purchase]：ウェブとアプリ。商品やサービスを購入すると発生。
[first_open]：アプリのみ。初めてアプリを起動した際に発生。
[in_app_purchase]：アプリのみ。アプリ内購入が達成されると発生。
[app_store_subscription_convert]：アプリのみ。有料会員登録されると発生。
[app_store_subscription_renew]：アプリのみ。有料会員更新されると発生。

UAのコンバージョンとの違い

　GA4では、すべてのイベント（行動）にコンバージョンを設定することができ、コンバージョン設定の幅が大きく広がりました。また、UAでは、セッションを軸として計測していたため、1セッション中に複数回コンバージョンを達成していても、コンバージョンの達成は1回とカウントされます。GA4では、イベントが計測の軸となっているため、コンバージョンを達成するたびにデータが計測されます。右ページの上の図を参照して下さい。

コンバージョンを設定しよう

UA
コンバージョン①
会社情報を1分以上閲覧
コンバージョン②
問い合わせを送信
コンバージョン数 =
コンバージョン達成のセッション数＝1

GA4
コンバージョン①
会社情報を1分以上閲覧
コンバージョン②
問い合わせを送信
コンバージョン数 =
コンバージョン達成のイベント数＝2

イベントの構成

　コンバージョンは、イベントに対して設定します。そのためコンバージョンを設定するには、まずイベントを作成、有効にする必要があります。GA4のイベントは、「イベント名」と「パラメータ」から構成され、イベント名はユーザーアクション＝イベントの名前で、「パラメータ」はイベントに付随する二次データです。イベント名「file_download」が計測されると、同時に付随する「file_extension（ファイルの拡張子）」、「file_name（ファイル名）」、「link_classes（リンクのクラス）」、「link_id（リンクのCSS ID）」、「link_text（リンクのテキスト）」、「link_url（リンクのURL）」などのデータも取得することができます。パラメータは、1イベントにつき最大25個追加することができます。

イベント名　　　　　　　パラメータ
file_download　　　　　file_extension（拡張子）
（ファイルのダウンロード）file_name（ファイル名）
　　　　　　　　　　　　link_classes（リンクのクラス）
　　　　　　　　　　　　link_domain（リンクのドメイン）
　　　　　　　　　　　　link_id（リンクID）
　　　　　　　　　　　　link_text（リンクテキスト）
　　　　　　　　　　　　link_url（リンク先URL）

GA4のイベントの種類

　イベントは、初期設定なしで自動的に計測される「自動収集イベント」、管理画面で簡単な操作で設定できる「拡張計測機能イベント」、Googleが設定を推奨している「推奨イベント」、ユーザーが独自に設定する「カスタムイベント」の4種類があります。どのイベントが自動収集イベントや拡張計測機能イベントなのか、あらかじめ確認しておくとよいでしょう。

主な自動収集イベント

「自動収集イベント」とは、特に設定しなくても自動的に計測されるイベントのことです。

イベント	イベント名	内容
広告のクリック	ad_click	広告をクリックしたとき
広告の表示	ad_impression	広告が表示されたとき
アプリの アンインストール	app_remove	アプリがアンインストールされたとき
リンクのクリック	click	現在のドメインから移動するリンクをクリックしたとき
ファイルの ダウンロード	file_download	ファイルに移動するリンクをクリックしたとき
アプリを開く	first_open	アプリインストール後初めて起動したとき
フォームを返信	form_submit	フォームを送信したとき
画面を表示	page_view	画面が遷移したとき
スクロール	scroll	ページの最下部まで初めてスクロールしたとき
動画の再生	video_start	動画の再生が開始されたとき
動画再生の終了	video_complete	動画が終了したとき

主な推奨イベント

「推奨イベント」は、Googleから推奨されているイベントで、必要に応じて手動で設定します。

イベント	イベント名	内容
広告の表示	ad_impression	広告が表示されたとき（アプリ）
仮想通過の獲得	earn_virtual_currency	仮想通貨を獲得したとき
グループへの参加	join_group	グループに参加して、各グループの 人気度が測定されたとき
ログイン	login	ログインしたとき
購入	purchase	購入を完了したとき
払い戻し	refund	払い戻しを受けたとき
検索	search	お客様のコンテンツを検索したとき
コンテンツの選択	select_content	コンテンツを選択したとき
コンテンツの共有	share	コンテンツを共有したとき
ユーザー登録	sign_up	ユーザーが登録して、各登録方法の 人気度が測定されたとき

仮想通過の使用	spend_virtual_currency	仮想通貨を使用したとき
チュートリアルの開始	tutorial_begin	チュートリアルを開始したとき
チュートリアルの完了	tutorial_complete	チュートリアルを完了したとき

(3) 主な拡張計測機能イベント

「拡張計測機能イベント」は、管理画面で有効に切り替えるだけで設定が完了するイベントです。

イベント	イベント名	計測のタイミング
ページビュー	page_view	ページが読み込まれるたび
スクロール数	scroll	ページの最下部まで初めてスクロールしたとき
離脱クリック	click	現在のドメインから移動するリンクをクリックしたとき
サイト内検索	view_search_results	サイト内検索を行ったとき
動画エンゲージメント	video_start	動画の再生の開始
	video_progress	動画が再生時間の 10%、25%、50%、75% 以降まで進んだとき
	video_complete	動画が終了したとき
ファイルのダウンロード	file_download	ファイルに移動するリンクをクリックしたとき
フォームの操作	form_start	セッションで初めてフォームを操作したとき
	form_submit	ユーザーがフォームを送信したとき

--- COLUMN ---

カスタムイベントを作成する際の注意事項

　カスタムイベントを作成する場合、既存のイベントに基づいて作成できるイベントは最大50個、変更できる既存のイベント数は最大50個と数に制限があります。また、変更および作成したイベントは、過去のデータには反映されません。その設定が反映されるまで最低でも1時間以上かかります。また、イベント名を設定する際には、次のような制約があります。
- ●イベント名では、アルファベットの大文字と小文字が区別されます
- ●先頭の文字はアルファベットにする必要があります。
- ●英数字と「_（アンダースコア）」のみ使用できます。スペースは使用できません。
- ●イベント名には、英語と英語以外の単語および文字を使用できます。

4-2 拡張計測機能イベントに コンバージョンを設定する

拡張計測機能イベントは、[イベント]画面でスイッチを切り替えるだけで、簡単にコンバージョン設定できます。拡張計測機能イベント以外のイベントは、カスタムイベントを作成し、コンバージョン設定します。

拡張計測機能イベントにコンバージョンを設定するには

① [イベント]画面を表示する

[管理]画面を表示し、[プロパティ]列の[イベント]をクリックします。

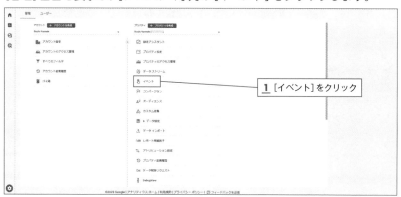

1 [イベント]をクリック

② イベントにコンバージョンとしてマークを付ける

目的のイベントの[コンバージョンとしてマークを付ける]をオンにします。ここでは[Scroll]イベントをオンにします。

1 [Scroll]のこれをオンにする

4-3 カスタムイベントを コンバージョンに設定する

拡張計測機能イベント以外のイベントは、カスタムイベントを作成してコンバージョン設定を行います。GA4では、イベント名とパラメータ、値を設定するだけで、簡単に作成できます。適切なイベントを作成し、コンバージョンを設定しましょう。

カスタムイベントを新規作成する

① カスタムイベントの作成画面を表示する

[管理]画面を表示し、[プロパティ]列の[イベント]をクリックしで、[イベントを作成]をクリックします。

1 [イベント]をクリック

2 [イベントを作成]をクリック

COLUMN

イベントを新規作成する

イベントは、「イベント名」と「パラメータ」、「演算子」、「値」を設定することで作成できます。ここではお問い合わせフォーム送信後に表示される「サンクスページ」を表示することで計測される「問い合わせ」というイベントを作成します。

❶**イベント名**

イベントの内容を定義する。推奨イベントを作成する場合は、Googleが定めた候補の中から内容に合ったものを選択。カスタムイベントを作成する場合は、わかりやすい名前を付ける。

❷**パラメータ**

イベントの発生場所や回数などイベントに付随する二次的な情報

演算子：取得するデータを値と組み合わせて定義する条件

値：取得するデータを演算子と組み合わせて定義する値

② 新しくイベントを作成する

[作成] をクリックして、イベントの作成画面を表示します。

1 [作成] をクリック

COLUMN

イベント名のルール

イベント名を半角英数字で指定する場合、利用できる文字はアルファベットの大文字、小文字、「_（アンダースコア）」のみで、スペースや「-（ハイフン）」は使用できません。大文字、小文字は区別されるため注意が必要です。なお、イベント名は日本語で指定することもできます。

---

③ パラメータに「event_name」を指定する

[カスタムイベント名] にイベントの名前を入力し、[パラメータ] は [event_name] のまま、[次と等しい] を選択します。イベント名は、日本語でも可能で、わかりやすい名前を入力します。

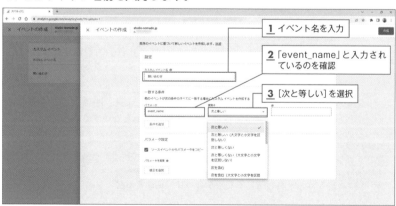

1 イベント名を入力

2 「event_name」と入力されているのを確認

3 [次と等しい] を選択

④ 計測を発動する条件を指定する

[値]に「page_view」と入力し、[条件を追加]をクリックします。

1 「page_view」と入力

2 [条件を追加]をクリック

⑤ 場所を指定するパラメータと演算子を設定する

[パラメータ]に「page_location」と入力し、[演算子]で[次を含む]を選択します。

1 「page_location」と入力

2 [次を含む]を選択

COLUMN

パラメータを設定する

　パラメータは、イベントが発生した場所や方法など、イベントに関する二次的な情報です。パラメータは、演算子と値でパラメータの内容を条件付けして設定します。パラメータに[page_location]を、演算子に[次を含む]を選択し、値に「/contact/」を入力した場合、「/contact/」を含むURLをデータ取得することが定義されています。

サンクスページの URL を値に設定する

⑥ [値]にサンクスページのURLの一部を入力して、[作成]をクリックします。

1 サンクスページのURLの一部を入力

2 [作成]をクリックする

イベントが作成された

⑦ サンクスページが表示されると計測されるカスタムイベントが作成されました。

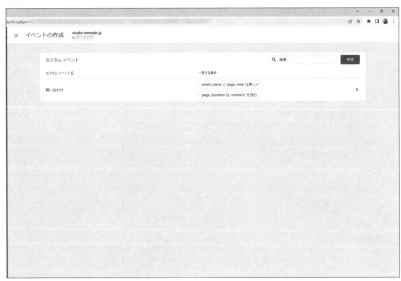

イベントにコンバージョンを設定する

① [イベント]画面を表示する

GA4のナビゲーションで[管理]をクリックして[管理]画面を表示し、[プロパティ]列の[イベント]をクリックします。

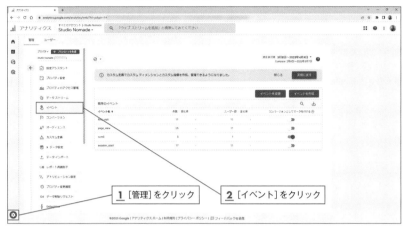

1 [管理]をクリック　　2 [イベント]をクリック

② イベントにコンバージョンとしてマークを付ける

目的のイベントの[コンバージョンとしてマークを付ける]をオンにします。ここでは[問い合わせ]イベントをオンにします。

1 [問い合わせ]のこれをオンにする

4-4 タグマネージャーで コンバージョンに設定する

タグマネージャーを導入しているユーザーは、タグマネージャーでイベント を管理することができます。タグマネージャーを利用すると、イベントやタ グの管理を一元化することができて便利です。なお、GA4とタグマネー ジャーによる、イベントの二重計測には注意が必要です。

タグマネージャーでイベントを作成する

① タグを新規作成する

タグマネージャーを起動し、ナビゲーションで［タグ］をクリックして、［新 規］をクリックし新しいタグを作成します。

1 ［タグ］をクリック
2 ［新規］をクリック

② タグの名前を設定する

タグの名前を入力し、［タグの設定］をクリックします。タグの名前は、イベ ントの内容がわかるものにします。

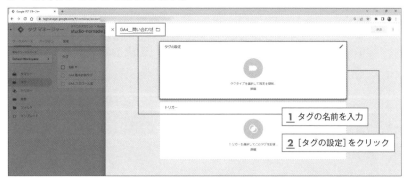

1 タグの名前を入力
2 ［タグの設定］をクリック

③ タグのタイプを選択する

タグのタイプ一覧から [Googleアナリティクス：GA4イベント] を選択します。

1 [Googleアナリティクス：GA4イベント] をクリック

④ イベント名を設定する

[設定タグ]にすでに設定されているGA4の測定タグ（ここでは [GA4基本計測タグ]）を選択し、わかりやすいイベント名を入力して、[トリガー]をクリックします。

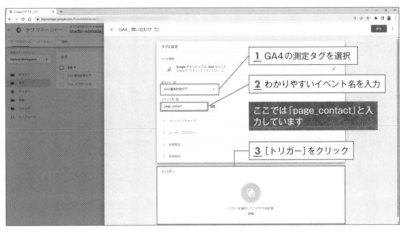

1 GA4の測定タグを選択

2 わかりやすいイベント名を入力

ここでは「page_contact」と入力しています

3 [トリガー]をクリック

COLUMN

タグマネージャーでイベントを作成する

タグマネージャーでGA4のイベントを作成するには、新規作成したタグの種類にGA4のイベントを設定しGA4と連携して、イベントの種類やトリガーを定義します。タグマネージャーでイベントを作成すると、イベントを実装する前にテストしたり、後から編集したりすることができます。また、複数のイベントを一元管理することもでき、大変便利です。

5 新規トリガーを作成する

右上にある［+］をクリックして、新規トリガーを作成します。

6 トリガーの名前を設定する

わかりやすいトリガーの名前を入力し、［トリガーの設定］をクリックします。

トリガーのタイプを選択する

(7)

トリガーのタイプを選択します。ここでは、サンクスページの表示でイベントの計測を発動するため、[ページビュー]を選択します。

1 [ページビュー]を選択

発動する条件を指定する

(8)

[一部のページビュー]を選択し、変数に[Page_URL]を、演算子に[等しい]を選択して、値にサンクスページのURLを入力し、[保存]をクリックします。

2 [Page_URL]を選択

1 [一部のページビュー]を選択

3 [等しい]を選択

4 サンクスページのURLを入力

5 [保存]をクリック

画面を閉じる

(9)

サンクスページが表示されると計測が発動するトリガーが設定されました。左上の[×]をクリックして[トリガーの設定]画面を閉じます。

1 [×]をクリック

タグの設定を保存する

10

[タグの設定] 画面に戻るので、[保存] をクリックしタグを保存します。

1 [保存] をクリック

タグを公開するには

　タグやトリガーの内容は、設定しただけではWebサイトに反映されません。Webサイトにタグの内容を反映させるには、この手順に従ってタグを公開する必要があります。タグを公開する際には、加えた変更の内容をバージョン名とバージョン説明として登録します。バージョンの内容を登録しておくと、タグを管理する際に履歴を確認できるため、変更内容をわかりやすくに書き込んでおくとよいでしょう。

タグを公開する

1

[プレビュー] をクリックして動作確認を実行した後、[公開] をクリックしてタグマネージャーでの設定を有効にします。

1 [公開] をクリック

2 バージョンの名前と説明を登録する

バージョン名とバージョンの説明を入力し、[公開]をクリックします。なお、[バージョン名]と[バージョンの説明]には、このバージョンでの変更点をわかりやすく入力します。

1 バージョン名を入力

2 バージョンの説明を入力

3 [公開]をクリック

3 タグが公開された

イベントにコンバージョンを設定する

① [イベント] 画面を表示する

GA4のナビゲーションで [管理] をクリックして [管理] 画面を表示し、[プロパティ] 列の [イベント] をクリックします。

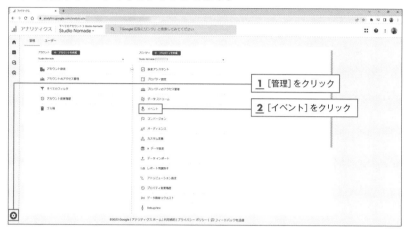

1 [管理] をクリック
2 [イベント] をクリック

② イベントにコンバージョンとしてマークを付ける

目的のイベントの [コンバージョンとしてマークを付ける] をオンにします。ここでは [page_contact] イベントをオンにします。

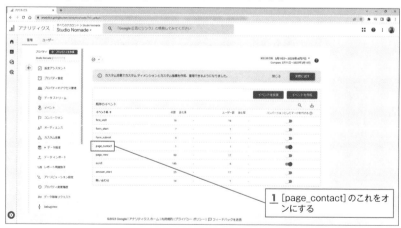

1 [page_contact] のこれをオンにする

4-5 タグマネージャーで スクロール率を設定する

GA4にはスクロールを計測するイベントが用意されていますが、90%以上スクロールしなければ計測されません。タグマネージャーを利用すると、スクロール率を設定して、ユーザーがどの程度スクロールして閲覧しているのかわかるようにイベントを設定できます。

GA4の [Scroll] イベントの計測を停止する

① [ウェブストリームの詳細] 画面を表示する

[管理]画面を表示し、[プロパティ]列で[データストリーム]をクリックして、ウェブストリームをクリックします。

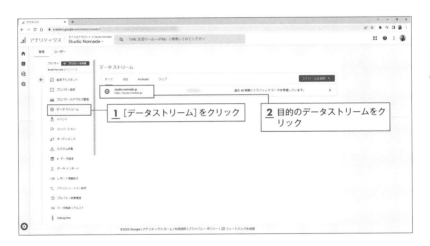

1 [データストリーム] をクリック

2 目的のデータストリームをクリック

② 拡張計測機能の設定画面を表示する

[拡張計測機能]の歯車のアイコンをクリックして拡張計測機能の設定画面を表示します。

1 歯車のアイコンをクリック

COLUMN

スクロール数の計測を停止する

　GA4には、拡張計測機能イベントに [scroll] というスクロール数を計測するイベント
があらかじめ用意されています。タグマネージャーでスクロール率を計測するイベント
を作成する場合、GA4の [scroll] イベントが有効になっていると二重計測となり適切な
解析が行えないため、この手順に従って無効にします。

---

③ **スクロール数の計測を停止する**

[スクロール数]のスイッチをクリックしてオフにし、[保存]をクリックしま
す。

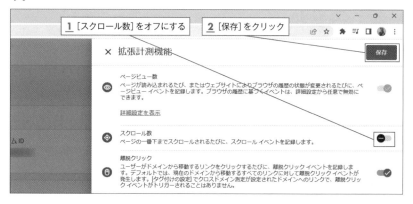

スクロール率の変数を有効にする

① **[組み込み変数]画面を表示する**

タグマネージャーを起動し、[変数]をクリックします。

04 | コンバージョンを設定しよう

② [組み込み変数の設定] 画面を表示する

[組み込み変数] の [設定] をクリックして [組み込み変数の設定] 画面を表示します。

1 [設定] をクリック

COLUMN

変数とは

　タグは、トリガーによって配信する条件を設定しますが、「変数」はトリガーで条件を設定する際に使う動的な値で、計測する対象を指定します。例えば、組み込み変数の [Page URL] では、現在表示されている Web ページの URL を返します。

---

③ [Scroll Depth Threshold] を有効にする

[スクロール] にある [Scroll Depth Threshold] をオンにします。

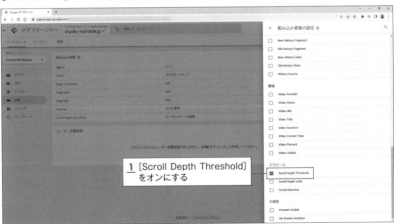

1 [Scroll Depth Threshold] をオンにする

④ [Scroll Depth Threshold]変数が有効になった

[Scroll Depth Threshold]変数が有効になりました。

トリガーを設定する

① 新規トリガーを作成する

ナビゲーションで[トリガー]をクリックし、[新規]をクリックします。

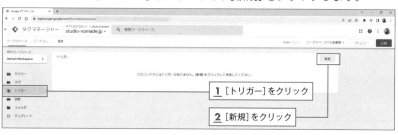

1 [トリガー]をクリック

2 [新規]をクリック

— COLUMN —

トリガーとは

「トリガー」は、データを計測するタイミングや位置などの条件を定義します。このセクションでは、「スクロールされた距離をGA4のイベントとして測定する」ことを定義します。この場合、トリガーでは、データ計測のタイミングをスクロール距離（%）で指定します。

---

② トリガーの名前を設定する

わかりやすい名前を入力し、[トリガーの設定]をクリックします。

1 わかりやすい名前を入力

2 [トリガーの設定]をクリック

トリガーのタイプを選択する

③

[ユーザーエンゲージメント]にある[スクロール距離]を選択します。

1 [スクロール距離]をクリック

トリガーの条件を設定する

④

[縦方向スクロール距離]をオンにし、[割合]を選択して、計測する割合を「,（コンマ）」で区切って入力します。トリガーの対象に[すべてのページ]を選択して、[保存]をクリックします。

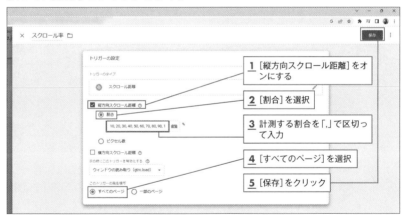

1 [縦方向スクロール距離]をオンにする

2 [割合]を選択

3 計測する割合を「,」で区切って入力

4 [すべてのページ]を選択

5 [保存]をクリック

トリガーが保存された

⑤

04

コンバージョンを設定しよう

141

タグを作成する

① 新規タグを作成する

ナビゲーションで［タグ］をクリックし、［新規］をクリックして新規タグを作成します。

1 ［タグ］をクリック　**2** ［新規］をクリック

② タグに名前を付ける

わかりやすいタグの名前を入力し、［タグの設定］をクリックします。

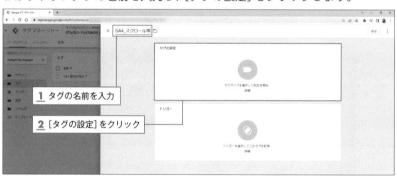

1 タグの名前を入力

2 ［タグの設定］をクリック

③ タグのタイプを選択する

タグタイプの一覧で［Googleアナリティクス:GA4イベント］を選択します。

1 ［Googleアナリティクス: GA4イベント］をクリック

④ パラメータを追加する

[設定タグ] にGA4の測定タグを選択し、イベント名にわかりやすい名前を入力します。[イベントパラメータ] の ＞ をクリックして展開し、[行を追加] をクリックします。

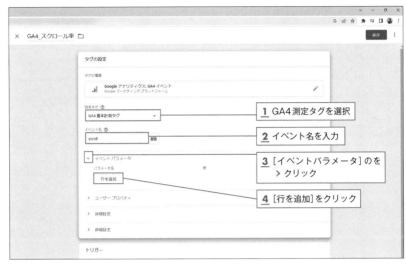

1 GA4 測定タグを選択

2 イベント名を入力

3 [イベントパラメータ] の ＞ クリック

4 [行を追加] をクリック

⑤ パラメータに名前を設定する

[パラメータ名] に「percent_scrolled」と入力し、[値] の ⚌ をクリックします。

1 [パラメータ名] に「percent_scrolled」と入力

2 [値] の ⚌ をクリック

6 変数を選択する

変数に [Scroll Depth Threshold] を選択します。

1 [Scroll Depth Threshold] をクリック

7 トリガーの選択画面を表示する

[トリガー] をクリックして、トリガーの選択画面を表示します。

1 [トリガー] をクリック

8 トリガーを選択する

トリガーに [スクロール率] を選択します。

1 [スクロール率] をクリック

タグの設定を保存する

9

[保存]をクリックして、タグの設定を保存します。

1 [保存]をクリック

スクロール率を計測できるタグが保存された

10

タグの保存が完了したら、[プレビュー]をクリックして動作を確認しましょう。タグが正常に発動したら、[公開]をクリックしてタグを公開しましょう。

1 クリックする

04

コンバージョンを設定しよう

145

Googleアナリティクスが解析サービスの標準ツールになった理由

Googleアナリティクスが標準的な解析ツールになった理由は以下のようなことが考えられます。

❶Googleの信頼性と普及率

Googleは世界最大の検索エンジンであり、その他にも多くの人気のあるサービスやプラットフォームを提供し、その中でGoogleアナリティクスは、Googleの製品群の一部として提供されており、Googleブランドの信頼性と普及率によって多くのユーザーが利用するようになりました。

❷無料の利用可能性

Googleアナリティクスは無料で利用できるため、小規模なビジネスや個人のWebサイトオーナーにとって非常に魅力的です。他の一部の有料の解析ツールと比較しても、Googleアナリティクスは多くの機能を提供しており、使いやすさもあって多くのユーザーが選択するようになりました。

❸幅広い機能と柔軟性

Googleアナリティクスは、Webサイトやアプリのトラフィック、ユーザーの行動、コンバージョン率など、さまざまなデータポイントを追跡し、分析することができます。さらに、カスタムレポートやダッシュボードの作成、異なる指標の追加、トラッキングコードの設定など、さまざまな設定やカスタマイズが可能です。これにより、ユーザーは自分のニーズや目標に合わせてデータを分析し、収益化やプロモーションのための最適な戦略の行使や意思決定を行うことができる点が人気の理由です。

❹統合性とデータの可視化

Googleアナリティクスは、他のGoogleの製品やサービスとの統合が簡単です。例えば、Google 広告との連携により、広告キャンペーンのパフォーマンスを評価したり、eコマースサイトの場合はGoogleマーチャントセンターとの連携により、商品の売り上げデータを分析したりすることができます。また、Googleアナリティクスは直感的なダッシュボードやレポートを提供し、データの可視化を強化しています。

以上の理由により、GoogleアナリティクスはWeb解析の標準ツールとして広く採用されるようになりました。

CHAPTER 05

［標準］レポートを使いこなそう

GA4のレポートは、自動的に集計されたデータを確認できる［標準］レポートとディメンションと指標を自由に組み合わせてレポートを作成できる［探索］レポートの2種類から構成されています。［標準］レポートは、「コレクション」「トピック」「レポート」の3層構造となっており、適切に分析できるレポートがテーマで分類されています。［標準］レポートを使いこなして、データに基づいた適切な戦略を立ててみましょう。

5-1 GA4のレポートの構成

GA4では、集計されたデータを確認し現状を把握できる［標準］レポートと、自由にディメンションと指標を組み合わせオリジナルのレポートを作成できる［探索］レポートの2種類が用意されています。レポートの構成を確認し、効率的なデータ活用を検討しましょう。

レポートの要素を知っておこう

　GA4のレポートについて解説する前に、レポートの要素を読み方について確認しておきましょう。GA4のレポートもUAの場合と同じように、レポートは「ディメンション」と「指標」から構成されています。また、掲載されたレポートを絞り込んだり、特定のデータを除去したりできる「フィルタ」が用意されています。

ディメンションとは

　「ディメンション」とは、レポートにおける分析の軸のことです。「OSの種類別にユーザー数を確認する」という場合、「OSの種類別」の部分がディメンションとなり、レポートでは「Windows」、「Android」、「iOS」、「Macintosh」とOSの種類ごとにユーザー数を確認するレポートが表示されます。

ディメンション　　　　指標

国 ▼ +	↓ ユーザー	新規ユーザー数	エンゲージのあったセッション数
	63,630 全体の100%	43,198 全体の100%	100,600 全体の100%
1 United States	15,230	10,451	36,659
2 India	11,874	7,614	11,705
3 Bangladesh	4,438	3,083	4,847
4 Indonesia	3,199	2,412	3,627
5 Nigeria	2,462	1,421	2,615
6 Pakistan	2,337	1,529	2,793
7 Kenya	2,178	1,053	2,775
8 Brazil	1,469	924	1,475
9 Canada	1,434	1,157	2,164
10 South Africa	906	585	1,394

指標とは

　「指標」とは、ディメンション＝分析軸に対応する集計方法です。「OSの種類別にユーザー数を確認する」という場合、「ユーザー数」が指標となります。レポートでは「OSの種類」を軸に「ユーザー数」、「新規ユーザー数」、「イベント数」「エンゲージメント率」など、多くの指標で集計したデータを表示して、傾向や修正点などを解析します。

ディメンション　　　　　　　　　指標

国 ▾ ＋	↓ ユーザー	新規ユーザー数	エンゲージのあったセッション数
	63,630 全体の 100%	43,198 全体の 100%	100,600 全体の 100%
1　United States	15,230	10,451	36,659
2　India	11,874	7,614	11,705
3　Bangladesh	4,438	3,083	4,847
4　Indonesia	3,199	2,412	3,627
5　Nigeria	2,462	1,421	2,615
6　Pakistan	2,337	1,529	2,793
7　Kenya	2,178	1,053	2,775
8　Brazil	1,469	924	1,475
9　Canada	1,434	1,157	2,164
10　South Africa	906	585	1,394

フィルタとは

　「フィルタ」は、レポートを特定のデータに絞り込んだり、特定のデータを除去したりすることができる機能です。余分なデータを除去したり、絞り込んだりすることで、データの特徴や傾向を抽出するのに役立ちます。

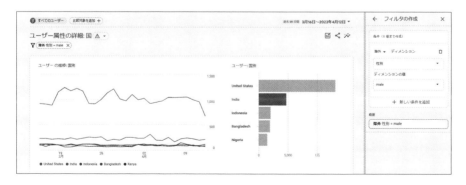

[標準]レポートと［探索］レポート

　ナビゲーションには、[レポート]と［探索］というメニューが用意されていて、主なレポートはこの2つに格納されています。なお、[レポート]に用意されているレポートについては、便宜的に［標準］レポートと呼びます。

[標準]レポート

　[標準]レポートは、アクセス解析でよく利用されるレポートをカテゴリでまとめたもので、現状確認やデータの推移を確認できます。セカンダリディメンションやフィルタで絞り込むなど、簡単な切り口の変更はできますが、用意されたデータの枠組みは変更できません。この章では、[標準]レポートの構成と使い方を解説します。

[標準] レポートの構成

　[標準] レポートは、大カテゴリの「コレクション」、サブカテゴリの「トピック」があり、その下にサマリーレポートと詳細レポートがある3層構造になっています。

レポートの スナップショット	レポートのスナップショットは、アプリやサイト現状を把握するためのレポートです。カードの表示をカスタマイズできるため、利用頻度の高い項目を集めてひとめで傾向がわかるようにしておくと便利です。
リアルタイム	リアルタイムは、ユーザーの流入元の流れと閲覧中の動きをリアルタイムで確認できるレポートです。

[ユーザー] コレクション

　対象ユーザー像を分析するためのレポートが用意されています。[ユーザー属性] トピックには、性別や年齢層、場所などユーザーの属性別にデータが集計され、具体的なユーザー像を解析することができます。また [テクノロジー] トピックでは、端末のカテゴリやOS、Webブラウザなど、アクセスするための環境別にデータが集計されて、ユーザーがどのようにWebサイトやアプリを利用しているかを浮かび上がらせることができます。

ユーザー	ユーザー属性	概要	場所や言語、年齢、性別など、ユーザーの属性別のカードを確認できます
		ユーザー属性の詳細	指定したユーザー属性でユーザー数やエンゲージメント率など、さまざまなデータを確認できます。
	テクノロジー	概要	ユーザーが使用しているデバイスやWebブラウザ、OSなどを軸にユーザー数などのデータを確認できます。
		ユーザーの環境の詳細	デバイスやWebブラウザなど指定したテクノロジーごとに、ユーザー数やエンゲージメント率などのデータを確認できます。

COLUMN

ライブラリとは

　[レポート] のメニューの下部に [ライブラリ] というメニューが表示されています。[ライブラリ] は、自分で編集したレポートをコレクションにまとめて表示させる機能です。例えば、営業部でよく閲覧するレポートを閲覧しやすいように編集し、[営業部] というコレクションにまとめることができます。

[ライフサイクル] コレクション

　[ライフサイクル] コレクションでは、新規ユーザーがイベントやコンバージョンを経てリピーターになるまでの流れを [集客]、[エンゲージメント]、[収益化]、[維持率] の4つのトピックに分け、さらに各レポートでそれぞれのステップでのユーザー活動を分析します。

[標準] レポートを使いこなそう

ライフ サイクル	集客	概要	ユーザーの流入元やチャネルなどを軸として、ユーザー数やセッション数などのデータを確認します。
		ユーザー獲得	新規ユーザーを中心としたチャネル別データで確認できます。
		トラフィック獲得	新規セッションを中心としたチャネル別データを確認できます。
	エンゲージメント	概要	平均エンゲージメント時間や表示回数、イベント数など、エンゲージメントに関するカードを確認できます。
		イベント	イベント名別のイベント数や総ユーザー数などのデータをグラフや表で確認できます。
		コンバージョン	イベント名別のコンバージョン数の推移や総ユーザー数などのデータを確認できます。
		ページとスクリーン	ページタイトル別の表示回数やユーザー数などのデータを確認できます。
		ランディングページ	ランディングページを軸としたセッション数やユーザー数などのデータを確認できます。
	収益化	概要	合計収益やユーザーあたりの平均購入収益額など、収益に関するカードを確認できます。
		Eコマース購入数	販売しているアイテムから得られた収益と、ユーザーがとった行動を測定
		アプリ内購入	アプリ内購入による収益を商品IDごとに測定したデータを確認できる。
		パブリッシャー広告	モバイルアプリの広告から得た収益を広告ユニットごとに測定したデータを確認できる。
		Promotions	プロモーション名を軸として、クリックされたアイテム数や閲覧されたアイテム数などプロモーションに関するデータを確認できる。
	維持率	維持率では、新規ユーザーとリピーター・ユーザー継続率・エンゲージメント時間・ライフタイムバリューなどを把握できます。	

COLUMN

[標準] レポートでデータを確認しよう

　[標準] レポートの各トピックには [概要] と [詳細] レポートが用意されています。まず、目的のトピックの[概要]レポートを表示し、その中で気になるデータがある場合は、そのカードの右下に表示されているリンクをクリックして、その項目の詳細レポートを表示します。詳細レポートでは、ディメンションや並べ方を変えてみたり、サブディメンションやフィルタを使ってデータを絞り込んでみたりして、さまざまな角度からデータを確認してみましょう。

[探索] レポート

　[探索] レポートは、[経路データ探索] や [セグメントの重複] など用意された7種類のテンプレートをベースに、自由にディメンションと指標を組み合わせて、オリジナルのレポートを作成できる機能です。また、セグメントを作成して、抽出するデータの範囲を指定して、解析の切り口を変更することもできます。データを深堀して、自由にアクセス解析したい場合は [探索] レポートを利用します。なお、[探索] レポートの利用方法については、次の章で解説します。

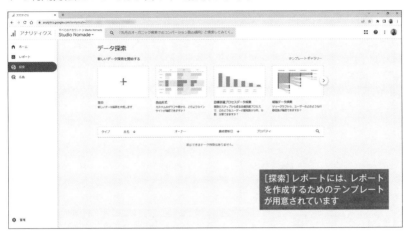

> [探索] レポートには、レポートを作成するためのテンプレートが用意されています

▼ [探索] レポートのテンプレート

テンプレート名	内容
自由形式	ディメンションや指標を組合せて表やグラフなどを作成できます。レポートでは用意されていない様々な項目の掛け合わせや表現が可能です。
目標到達プロセスデータ探索	ユーザーがコンバージョンに至るステップを可視化して、コンバージョンするユーザーの特徴や傾向を割り出します。
経路データ探索	ツリーグラフでWebサイト内でのユーザーの動きを始点から終点まで追うことができます。
セグメントの重複	最大3個のセグメントを比較してボリュームや重複状況を確認します。
ユーザー エクスプローラ	特定のユーザーの行動履歴を時系列で確認して、行動の特徴や傾向を割り出せます。
コホートデータ探索	共通の属性を持つグループの行動から傾向と特徴を分析します。
ユーザーのライフタイム	顧客としてのライフタイムバリューを分析します。

レポート右上のアイコンの意味を知っておこう

[標準]レポートのほとんどのレポートの右上には、[比較データの編集]、[このレポートの共有]、[Insights]、[レポートをカスタマイズ]の4つのアイコンが表示されています。アイコンの意味と機能を知っておくと、レポートをより効率的に利用できます。

❶ **[比較データの編集]**：ディメンションの値を条件に比較レポートを作成します
❷ **[このレポートの共有]**：レポートのURLやPDFファイルを送信してレポートを共有できます
❸ **[Insights]**：質問を選択するとその質問に該当するデータを表示できます
❹ **[レポートをカスタマイズ]**：表示カードの種類や表示順を変更してレポートをカスタマイズできます

COLUMN

[ホーム]レポートを活用しよう

[ホーム]レポートは、GA4の操作に関連性の高い情報を表示するレポートです。GA4を使用し続けることで、パーソナライズされたコンテンツが表示されるようになります。つまり、GA4を使い込むほどに[ホーム]レポートが充実し、必要なデータをひと目で確認できるように進化します。[ホーム]レポートを使いこなしてみましょう。

5-2 レポートのスナップショットで現状把握する

GA4のデータを確認するとき、まずは大まかにデータの傾向や現状を把握し、それからデータの深堀りを始めますよね。[レポートのスナップショット]は、利用頻度の高いデータを集めておけるレポートです。ひと目で現状を把握できるようにカスタマイズしましょう。

[レポートのスナップショット]とは

　GA4のデータを確認する際、最初にざっくりとしたデータの傾向を調べたり、異常値がないかを確認したりする人も多いでしょう。さまざまな切り口のデータをひと目でバランスよく確認できるのが[レポートのスナップショット]です。[レポートのスナップショット]には、重要度の高いデータのカードがグラフや表など活用しやすい形式で表示されています。また、これらのカードの配置や種類はカスタマイズすることができます。見たいデータを[レポートのスナップショット]に集めて、効率よく解析を進めましょう。

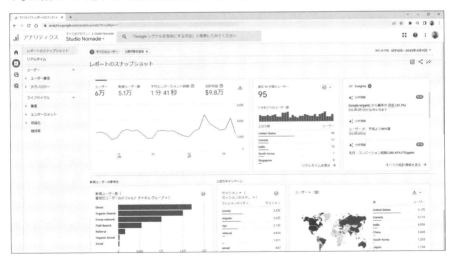

［レポートのスナップショット］の構成

　［レポートのスナップショット］の初期設定では、一般的に利用価値が高いデータのカードが順番に配置されています。また、できるだけデータの概要がひと目で分かるように、データの特性に合わせてグラフや表、地図で表示されています。

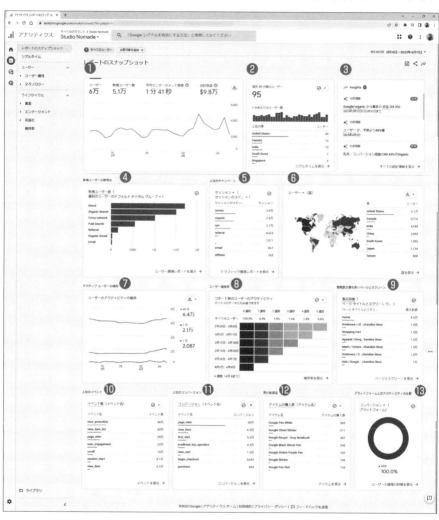

❶ [概要]：[ユーザー]、[新規ユーザー数]、[平均エンゲージメント時間]、[合計利益] の4つの指標の推移を折れ線グラフで確認できます。

❷ [リアルタイム]：過去30分間に訪問したユーザー数で上位5位までを国別のデータで表示します。

❸ [分析情報]：データの変化や異常値が検知されると自動的に通知されます。

❹ [新規ユーザー数 (最初のユーザーのデフォルトチャネルグループ)]：新規ユーザー数をチャネル別に棒グラフで確認できます。

❺ [セッション (セッションのメディア)]：メディア別のセッション数を確認できます。

❻ [ユーザー (国)]：アクセス数の多い国を地図と国名で確認できます。

❼ [ユーザーのアクティビティの推移]：1日、7日、30日別のアクティブユーザー数の推移を折れ線グラフで表示します。

❽ [コホート別のユーザーのアクティビティ]：ユーザーの維持率を1週間単位で確認できます。

❾ [表示回数 (ページタイトルとスクリーンクラス)]：ページタイトルとスクリーンクラス別の表示回数をランキング形式で表示します。

❿ [イベント数 (イベント名)]：イベント発生回数をイベントごとにランキング形式で表示します。

⓫ [コンバージョン (イベント名)]：コンバージョン達成回数をイベント別にランキング形式で表示します。

⓬ [アイテム購入数 (アイテム名)]：アイテム別の購入数をランキング形式で確認できます。

⓭ [コンバージョン (プラットフォーム)]：コンバージョンが発生したプラットフォームの割合をドーナツ円グラフで確認できます。

［レポートのスナップショット］をカスタマイズしよう

①
［カスタマイズ］ウィンドウを表示する

［レポートのスナップショット］をクリックして［レポートのスナップショット］を表示し、右上にあるペンのアイコン［レポートをカスタマイズ］をクリックします。

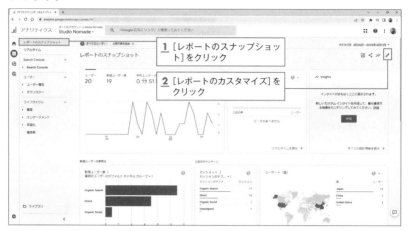

1 ［レポートのスナップショット］をクリック

2 ［レポートのカスタマイズ］をクリック

②
［レポートのカスタマイズ］をクリック

目的の項目（ここでは［ユーザー（国）］）の左端にある ⸬ を目的の位置までドラッグします。

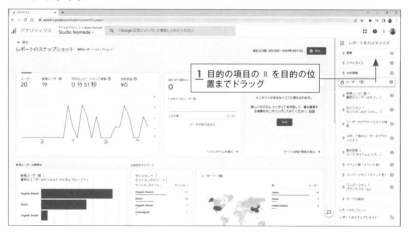

1 目的の項目の ⸬ を目的の位置までドラッグ

［標準］レポートを使いこなそう

158

3 不要な項目を非表示にする

不要な項目の右にある⊗をクリックして非表示にします。

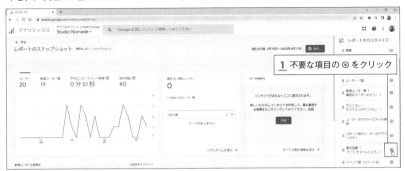

1 不要な項目の ⊗ をクリック

4 追加するカードの一覧を表示する

リストの最下部にある [カードの追加] をクリックして、追加できるカードの一覧を表示します。

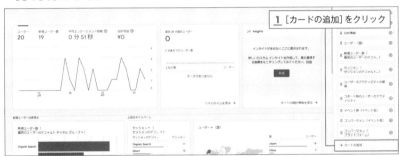

1 [カードの追加] をクリック

5 カードを追加する

追加するカードをオンにし、[カードを追加] をクリックします。

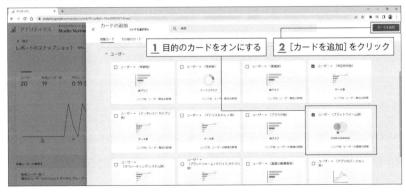

1 目的のカードをオンにする　　**2** [カードを追加] をクリック

⑥ レポートを上書き保存する

カードが追加されます。[保存] → [現在のグラフへの変更を保存]を選択し、
レポートを上書き保存します。

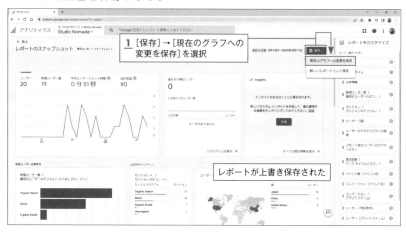

1 [保存] → [現在のグラフへの
変更を保存]を選択

レポートが上書き保存された

COLUMN

データの表示期間を切り替えよう

　[リアルタイム]レポート以外の[標準]レポートでは、データの表示期間を変更する
ことができます。表示期間を絞り込むことで、日単位、週単位、月単位など分析の視点
を変えることができます。データの表示期間を変更するには、レポートの右上に表示さ
れている表示期間のプルダウンメニューをクリックし、表示されるメニューで目的の期
間を選択したり、カレンダーで日付をクリックしたりして、[適用]をクリックし表示期
間を絞り込みます。

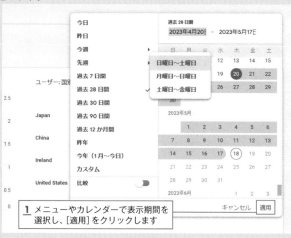

1 メニューやカレンダーで表示期間を
選択し、[適用]をクリックします

5-3　[リアルタイム]レポートで現状を把握しよう

[リアルタイム] レポートには、Web サイトやアプリにアクセスしたユーザーの行動をリアルタイムに表示することができます。データをリアルタイムに確認することで、イベントの効果やキャンペーン開始のタイミングなどを知ることができます。

[リアルタイム] レポートとは

　[リアルタイム] レポートは、GA4 で計測している Web サイトやアプリのリアルタイムのアクティビティを確認できるレポートです。ユーザー数、ページビュー数、平均滞在時間、離脱率といった指標をリアルタイムで確認できるので、Web サイトやアプリの現在の状況を把握し、問題を早期に解決するのに役立ちます。
GA4 リアルタイムレポートで確認できる指標は以下の通りです。

●**ユーザー数**：リアルタイムで Web サイトやアプリにアクセスしているユーザー数
●**ページビュー数**：リアルタイムで閲覧されているページ数
●**平均滞在時間**：ユーザーが Web サイトやアプリに費やしている平均時間
●**離脱率**：ユーザーが Web サイトやアプリから離脱する割合
　リアルタイムレポートは、ダッシュボードで [レポート] をクリックし、[リアルタイム]をクリックすると表示されます。

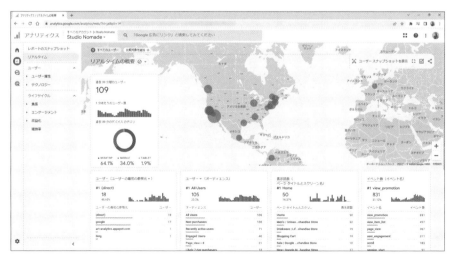

［リアルタイム］レポートの画面構成

❶ **［過去30分間のユーザー］**：過去30分間の1分あたりのユーザー数の推移を棒グラフで、デバイスカテゴリの割合をドーナツ円グラフで確認できます。

❷ **［ユーザー（ユーザーの最初の参照元）］**：アクセス元ごとのユーザー数をランキング形式で確認できます。メニューで［参照元］、［メディア］、［プラットフォーム］に項目を切り替えることができます。

❸ **［ユーザー（オーディエンス）］**：特定のパターンを示すグループごとのユーザー数をランキング形式で表示します。

❹ **［表示回数（ページタイトルとスクリーン名）］**：Webページやアプリのスクリーン別の表示回数をランキング形式で表示しています。

❺ **［イベント数（イベント名）］**：イベントごとの発生回数をランキング形式で確認できます。

❻ **［コンバージョン（イベント名）］**：コンバージョンを達成したイベントごとの発生回数をランキング形式で確認できます。

❼ **［ユーザー（ユーザープロパティ）］**：属性別のユーザー数をランキング形式で表示します。

オーディエンスとは

　「オーディエンス」とは、「Non-purchasers（非購入者）」や「Recently active users（最近のアクティブユーザー）」など、データを基に設定された条件を満たし、同じ特徴を持つユーザーのリストのことです。オーディエンスのユーザーリストは、常に条件と照らし合わされ、新しいユーザーを追加したり、条件を満たさなくなったユーザーを除外したりします。なお、オーディエンスは、ユーザー属性、イベント名、イベントパラメーターなどを組み合わせて作成することができます。また、GA4では、機械学習を利用して作られる「予測オーディエンス」が用意されています。

ユーザープロパティとは

　「ユーザープロパティ」とは、地域や言語、メディアの会員情報など、自動または手動で収集されるユーザーの属性のことです。ユーザープロパティは、オーディエンスやセグメントを定義する際に用いられます。

［ユーザースナップショット］を活用しよう

［ユーザースナップショット］を表示する

①

ナビゲーションで［リアルタイム］をクリックし［リアルタイム］レポートを表示し、［ユーザースナップショットを表示］をクリックします。

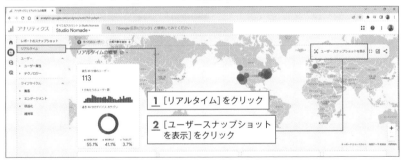

1 ［リアルタイム］をクリック

2 ［ユーザースナップショットを表示］をクリック

［ユーザースナップショット］とは

　［ユーザースナップショット］とは、ランダムに抽出された特定のユーザーの行動をリアルタイムに追跡できる機能です。ユーザーが発生させたイベント（行動）や使用デバイス、アプリのバージョン、所在国、地域などのユーザープロパティを確認することができます。

2 ユーザーを変更する

特定のユーザーの行動がリアルタイムで表示されます。[＞]をクリックして
別のユーザーを表示します。

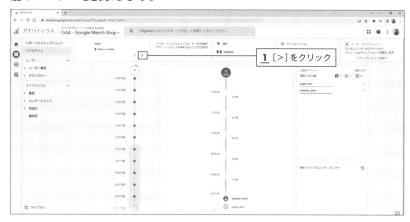

1 [＞]をクリック

3 [ユーザースナップショット]を閉じる

ユーザーが切り替わります。[スナップショットを終了]をクリックすると、
[ユーザースナップショット]が閉じられます。

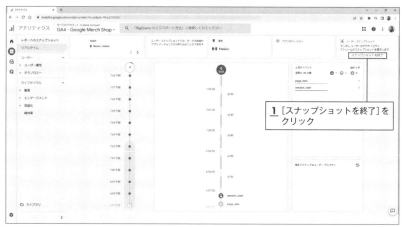

1 [スナップショットを終了]を
クリック

— COLUMN —

項目を切り替えよう

　各カードのタイトルに[▼]が表示されている場合、他の指標やディメンションが用意
されており、切り替えてデータを確認することができます。また、さらに詳細なデータ
を確認したい場合は、カードの右下にある詳細レポートへのリンクをクリックします。

05

[標準] レポートを使いこなそう

カードの項目を切り替える

① **項目の一覧を表示する**

目的のカード（ここでは［ユーザー］カード）の［▼］をクリックして、項目の一覧を表示します。

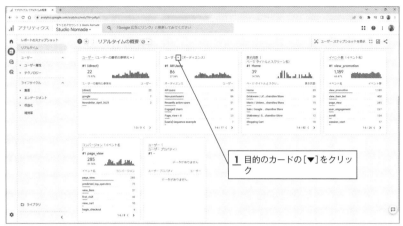

1 目的のカードの［▼］をクリック

② **項目を選択する**

［新規ユーザー数］を選択します。

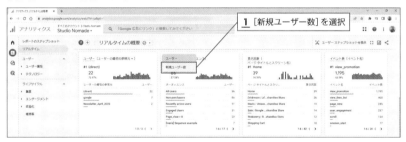

1 ［新規ユーザー数］を選択

③ **項目が切り替わった**

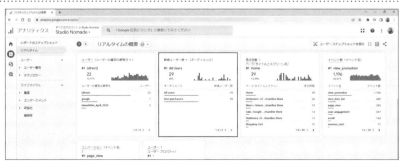

5-4 [ユーザー属性]トピックの レポートを活用しよう

[ユーザー属性]トピックには、ユーザー属性の[概要]レポートと[ユーザー属性の詳細]レポートが用意され、ユーザー数を中心としたデータを確認することができます。ユーザーの性別や嗜好、所在地といったさまざまな切り口でデータを分析してみましょう。

[ユーザー属性]トピックのレポートとは

ユーザー属性の[概要]レポートでは、国別や性別、年齢別など、ユーザー数をさまざまな切り口で集計しています。ユーザーをさまざまな切り口で集計することで、Webサイトやアプリのユーザー像をはっきりさせることができ、キャンペーンやアイテム企画など運営方針の決定に大きく役立てることができます。

▼［ユーザー属性の詳細］レポート

[概要]レポートのカードに記載されているリンクをクリックして、目的の項目の詳細データを表示できます

ユーザー属性の［概要］レポートの画面構成

❶ **[ユーザー（国）]**：国別にユーザー数をランキング形式で表示します。

❷ **[過去30分間のユーザー]**：過去30分間におけるユーザー数を国別でグラフと
ランキング形式が表示しています。

❸ **[ユーザー（市区町村）]**：市区町村別のユーザー数を確認できます。

❹ **[ユーザー（性別）]**：男性と女性の割合をドーナツ円グラフで表示します。

❺ **[ユーザー（インタレストカテゴリ）]**：興味のあるジャンル別にユーザー数を確
認できます。

❻ **[ユーザー（年齢）]**：18〜24歳、25〜34歳、35〜44歳、45〜54歳、55〜64
歳、65歳以上と区分された年齢層別にユーザー数を確認できます。

❼ **[ユーザー（言語）]**：言語別にユーザー数のデータを表示します。

［標準］レポートを使いこなそう

GA4におけるユーザーの概念を知っておこう

GA4で「ユーザー数」という場合、「アクティブユーザー数」を指します。「アクティブユーザー数」は、画面を1秒以上最前面で表示したユーザー数です。GA4では、総ユーザー数や新規ユーザー、リピーターなど、ユーザーに関するさまざまな用語があります。用語の意味をあらかじめ確認しておけば、スムースにレポートを読み込めるようになります。

●アクティブユーザー数

1秒以上画面が最前面に表示されていたユーザー数のことで、GA4で「ユーザー数」という場合は「アクティブユーザー数」を指します。

●総ユーザー数

エンゲージメント イベント発生の有無にかかわらず、Webサイトやアプリを操作したユーザーの合計数。Webページが最前面に表示されていないアクセスもカウントされます。

●新規ユーザー

初めてサイトを利用した、またはアプリを起動したユーザーの数。

●リピートユーザー数

過去に1回以上訪問しているユーザーの数。

気になるユーザー属性のデータを表示する

① 詳細レポートを表示する

ユーザー属性をクリックして表示される [概要] をクリックし、目的のカードの [〇〇〇を表示] をクリックします。

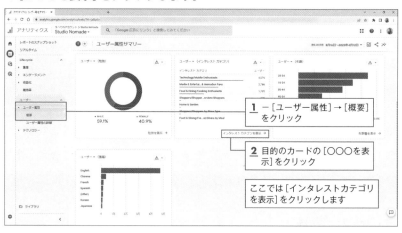

1 - [ユーザー属性]→[概要]
をクリック

2 目的のカードの [〇〇〇を表示] をクリック

ここでは [インタレストカテゴリを表示] をクリックします

2 目的の属性の詳細レポートが表示された

目的の詳細レポートが表示されました。

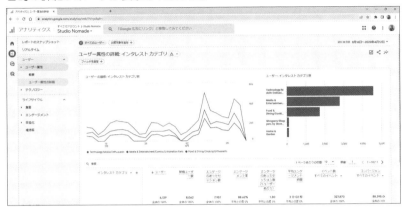

データの比較を作成する

1 [比較データを編集]画面を表示する

[ユーザー属性の詳細] レポートを表示し、[比較データを編集] ⚏ をクリックします。

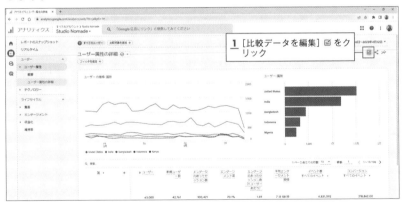

1 [比較データを編集] ⚏ をクリック

COLUMN

比較データの作成

　[標準] レポートの各詳細レポートでは、この手順に従ってデータの比較を作成することができます。国や性別、年齢層、チャネル、デバイスなどのデータを比較することで、トータルの数値では見えてこなかったパターンや問題点などを見出すことができます。[標準] レポートで比較を作成し、少し踏み込んでデータを確認して、より具体的な解析につなげていきましょう。

② [比較データの作成]画面を表示する

「すべてのユーザー」をクリックして、[比較データの作成]画面を表示します。

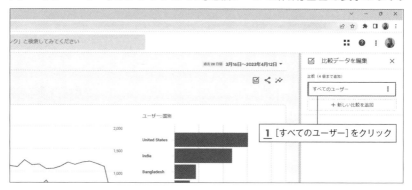

1 [すべてのユーザー]をクリック

③ ディメンションに[性別]を選択する

[含む]を選択し、ディメンションのプルダウンメニューをクリックして、[性別]を選択します。

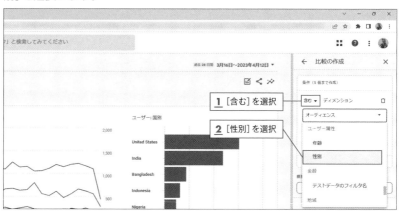

1 [含む]を選択

2 [性別]を選択

COLUMN

[ユーザー属性]トピックの見方

　[ユーザー属性]トピックでは、まず[概要]レポートで、訪問者の国や地域と性別、年齢層はチェックして、メインとなるユーザー像を確認しましょう。また、[ユーザー属性の詳細:年齢]レポートを表示して、セカンダリディメンションに[性別]を設定すると、メインユーザー像が具体的になってきます。また、[ユーザー属性の詳細:年齢]レポートや[ユーザー属性の詳細:性別]レポートで、セカンダリディメンションで[ランディングページ＋クエリ文字列]を設定すると、どんなユーザーがどのページに訪問しているのかを確認できます。

ディメンションの値に女性を設定する

④

[female]をオンにし、[OK]をクリックします。

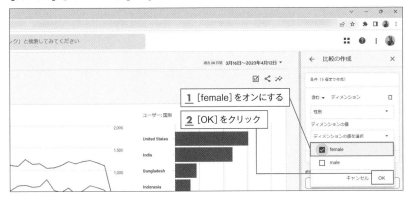

1 [female]をオンにする

2 [OK]をクリック

女性のデータの表示を設定する

⑤

[適用]をクリックして、女性のデータの表示を設定します。

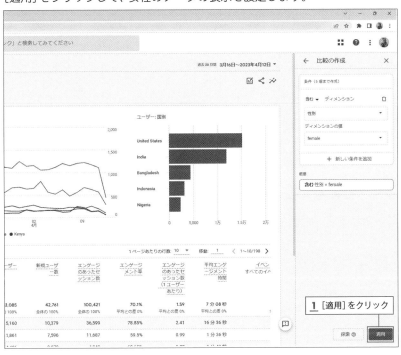

1 [適用]をクリック

⑥ 比較を追加する

[新しい比較を追加]をクリックして、比較する対象を作成します。

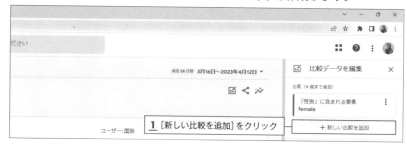

1 [新しい比較を追加]をクリック

⑦ ディメンションの値に男性を選択する

同様に [含む]、[性別]を選択し、[male]をオンにして、[OK]をクリックします。

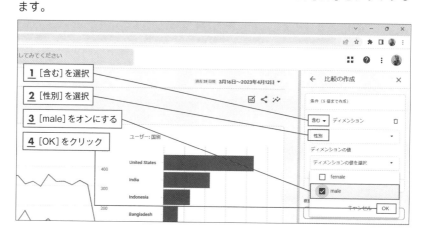

1 [含む]を選択
2 [性別]を選択
3 [male]をオンにする
4 [OK]をクリック

⑧ 男性データの表示を適用する

[適用]をクリックして、男性のデータの表示を設定します。

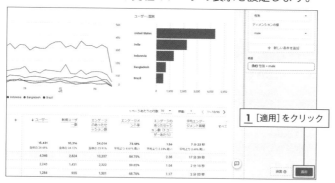

1 [適用]をクリック

⑨ 男性と女性の比較データが表示された

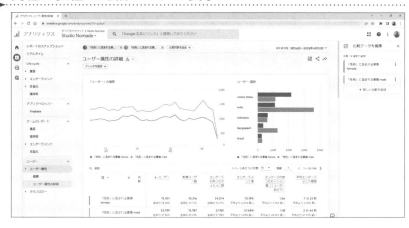

COLUMN

アクティブユーザーに関するGA4の解釈について

GA4でのアクティブユーザーとは、一定期間内に少なくとも1回セッションを開始したユーザーのことです。セッションとは、ユーザーがWebサイトやアプリにアクセスしてから30分以内に行ったすべての操作のことです。アクティブユーザー数は、Webサイトやアプリのユーザーのアクティブ度を測る指標として使用することができます。

また、GA4ではアクティブユーザー数を「アクティブユーザー」という指標で確認することができます。アクティブユーザーは、左側のメニューの「レポート」から確認することができます。アクティブユーザーのレポートでは、アクティブユーザー数の推移や、アクティブユーザーの性別、年齢、国などを確認することができます。

COLUMN

GA4での「ユーザー」についての分類基準とは

GA4では、ユーザーを次の3つの方法で分類できます。
- **ユーザー属性**：年齢、性別、地域、言語、興味や関心、過去の購入内容など、ユーザーの属性に基づいて分類します。
- **ユーザーの行動**：サイトへの訪問回数、ページビュー数、平均滞在時間、離脱率など、ユーザーの行動に基づいて分類します。
- **ユーザーのソース**：検索エンジン、ソーシャルメディア、メールなど、ユーザーがサイトにアクセスした方法に基づいて分類します。

ユーザーを分類することで、サイトの訪問者をより深く理解し、効果的なマーケティング戦略を立てることができます。

05

[標準] レポートを使いこなそう

173

SECTION

5-5 [テクノロジー]トピック のレポートを活用しよう

[ユーザー]コレクションの[テクノロジー]トピックには、デバイスやブラウザの種類ごとにデータを集計する、テクノロジーの[概要]レポートと[ユーザーの環境の詳細]レポートが用意されています。ユーザーの環境とアクセスの関係について、確認してみましょう。

[テクノロジー]トピックとは

　[テクノロジー]トピックでは、デバイス(端末)やWebブラウザ、OSなど、ユーザーが使用している環境を中心にデータを集計したレポートが用意されています。スマートフォンからのアクセスが多い場合は、移動中や他のことをしながらアクセスしている可能性があります。デスクトップパソコンからのアクセスが多い場合は、記事の内容をじっくり確認しているユーザーが多いと推測できます。ユーザーの環境とイベントの内容などから、Webサイトやアプリの内容がどんなユーザーにフィットしているのか分析してみましょう。

▼テクノロジーの[概要]レポート

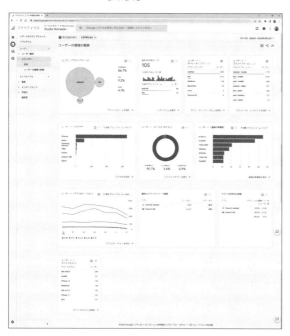

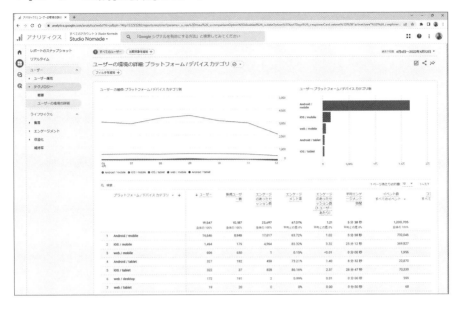

─── COLUMN ───

［テクノロジー］トピックの見方

　［テクノロジー］トピックでは、まずテクノロジーの［概要］レポートで、デバイスカテゴリ別のユーザー数を確認しましょう。モバイルデバイスからのアクセスが多い場合は、モバイルサイトのデザインやコンテンツの見せ方を工夫することでコンバージョン増加が期待できます。また、セカンダリディメンションに［時間］を設定することで、生活のどのようなシーンでユーザーがアクセスしているかを確認することができます。

─── COLUMN ───

GA4のテクノロジートピックの活用について

　GA4のテクノロジートピックは、ユーザーがどのようにサイトやアプリを利用するかを分析するために使用できます。たとえば、ユーザーがどのデバイスからアクセスしているのか、どのページを閲覧しているのか、どのページから離脱しているのかを分析することができます。これらの情報を分析することで、ユーザーがWebサイトやアプリでどのような体験をしているのかを理解し、Webサイトやアプリを改善することができます。

　GA4のテクノロジートピックを活用する方法はいくつかあります。最も簡単な方法は、GA4で提供されているレポートを利用することです。GA4では、テクノロジートピックに関するレポートがいくつか用意されています。これらのレポートを利用することで、ユーザーがサイトやアプリをどのように利用しているかを簡単に把握することができます。

テクノロジーの [概要] レポートの画面構成

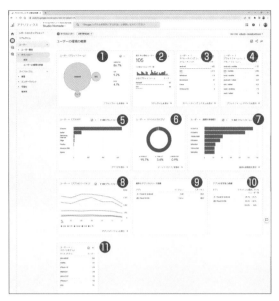

❶ [ユーザー (ユーザープラットフォーム)]：訪問先となる Web サイト、Android 用アプリ、iOS 用アプリのユーザー数の割合が表示されます。

❷ [過去30分間のユーザー]：各プラットフォームにおける過去30分間で1分あたりのユーザー数を棒グラフと表で表示されます。

❸ [ユーザー (オペレーションシステム)]：ユーザーが使用しているOSごとのユーザー数が表示されます。

❹ [ユーザー (プラットフォーム/デバイスカテゴリ)]：プラットフォームとデバイスカテゴリの組み合わせ別のユーザー数が表示されます。

❺ [ユーザー (ブラウザ)]：訪問に使用した Web ブラウザの種類ごとのユーザー数が表で表示されています。

❻ [ユーザー (デバイスカテゴリ)]：端末のカテゴリ別のユーザー数の割合がドーナツ円グラフで表示されています。

❼ [ユーザー (画面の解像度)]：ユーザーが使用している端末の画面解像度別にユーザー数がグラフで表示されます。

❽ [ユーザー (アプリのバージョン)]：訪問先のアプリのバージョン別にユーザー数がグラフで表示されます。なお、アプリを運用していない場合はデータが表示されません。

❾ [最新のアプリのリリース概要]：現在のアプリの最新バージョンとステータスが表示されます。

❿ [アプリの安定性の概要]：アプリでクラッシュに遭遇していないユーザー数の割合が表示されます。

⓫ [ユーザー (デバイスモデル)]：端末の機種別にユーザー数を確認できます。

テクノロジーレポートを読み解くために必要な用語

プラットフォーム

　ユーザーの訪問先となるWebサイトまたはアプリのことで、値として「Web」、「iOS」、「Android」があります。

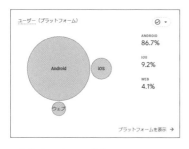

デバイスカテゴリ

　ユーザーが使用する端末のカテゴリで、値には「Desktop」、「Mobile」、「Tablet」、「Smart TV」があります。

デバイスモデル

　ユーザーが使用している端末の機種のことです。

オペレーティングシステム

　ユーザーが使用している端末のオペレーティングシステムの種類で、値には「Android」、「iOS」、「Windows」、「Macintosh」、「Linux」、「Chrome OS」などがあります。

ブラウザ

　ユーザーが使用しているWebブラウザの種類で、値には「Chrome」、「Safari」、「Edge」、「Firefox」、「Opera」などがあります。

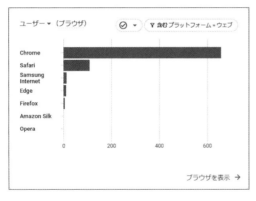

—————— COLUMN ——————

その他の知っておきたい用語

　［テクノロジー］トピックのレポートでは、上記以外にも知っておきたい用語があります。レポートを使いこなすためにも、あらかじめ用語を知っておきましょう。
●**アプリのバージョン**：利用しているアプリのバージョン
●**OSのバージョン**：利用しているデバイスのOSのバージョン
●**画面の解像度**：使用したデバイス（端末）の画面の縦×横のピクセル数。
●**デバイス**：「iPhone」や「Pixel」など使用した端末の名称。
●**ブラウザのバージョン**：「25.1」など、Webブラウザのバージョン名。

5-6 ［集客］トピックの レポートを活用しよう

　［集客］トピックのレポートでは、新規ユーザーがリピーターになるまで の過程で、その入り口となる「参照元」や「到達するための方法」を中心にデー タを集計しています。これらのレポートは顧客を獲得する方法を導き出せ る重要なデータといえるでしょう。

［集客］トピックとは

　［集客］トピックには、Webサイトへの参照元や到達するための方法などを中心 にデータを集計したレポートがまとめられています。［ユーザー獲得］レポートで は、Webサイトへの参照元や到達するための方法などを分析することで、効率よ くWebサイトへ誘導する方法やキャンペーンなどを立案することができます。

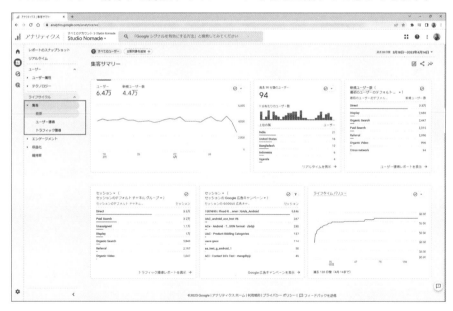

179

流入元を意味する用語を理解しよう

GA4では、Webサイトやアプリに訪問する直前にいた場所のことを「流入元」といい、「メディア」「参照元」「チャネル」など流入元を示すいくつかの用語があります。これらを正しく理解して、レポートを適切に読み解きましょう。

[メディア]

「メディア」は、「organic（自然検索）」や「referral（他のサイトからの訪問）」など流入経路を指します。メディアの値が「organic」であれば、検索結果に表示されたことを示し、「referral」であれば自分のWebサイトへのリンクが設定されていることを示します。ユーザーがどんな方法で流入しているのか確認し、適切な対策を取りましょう。

メディアの主な値

● none
参照元が判断できない流入
● referralWeb
サイト上のリンク
● oraganic
自然検索
● notset
データ取得に失敗
● cpc
有料広告
● email
メール上のリンク

[参照元]

「参照元」は、「Google」や「Yahoo！」など具体的な流入元を指します。参照元がどこなのか具体的に示されますが、「google/organic」のように参照元とメディアと組み合わせると、より具体的に「どこからどうやって」流入したかを知ることができます。

参照元の主な値

● google：Google
● yahoo！：Yahoo！
● facebook.com：Facebook
● t.co：Twitter

[チャネル]

「チャネル」とは、メディアと参照元を基に10種類に分類された流入経路のことです。チャネルの値は、「Referral」などメディアと同じつづりのものがありますが、最初の1文字が大文字なので見分けることができます。

主なチャネルの値

- **Organic Search**：GoogleやYahoo!などの検索結果から流入
- **Paid Search**：Google広告やYahoo!広告などの検索広告から流入
- **Display**：ディスプレイ広告からの流入
- **Other Advertising**：検索広告やディスプレイ広告以外の広告からの流入
- **Social**：SNSからの流入
- **Referral**：他のサイトに設置されたリンクからの流入
- **Direct**：ブックマークやURLの直接入力からの流入
- **Email**：メールからの流入
- **Affiliates**：アフィリエイトからの流入
- **Other**：どのチャネルにも一致しない流入

COLUMN

[集客]トピックの見方

　[集客]トピックのレポートでは、流入元の貢献度を確認します。検索や広告、リンクなど、流入元の内訳を確認することは、キャンペーンの効果を確認したり、コンテンツを企画したりする際に大変重要なデータとなります。新規ユーザー獲得の貢献度は、[ユーザー獲得]レポートを確認しましょう。広告キャンペーンやセールなどを実施した際には、日別で新規流入の推移を見ると、その効果や今後の問題点などを洗い出すことができます。すべてのセッションを対象にしたコンバージョンの貢献度は、[トラフィック獲得]レポートをチェックします。セカンダリディメンションに[ランディングページ＋クエリ文字列]を設定して分析すると、どの流入元のユーザーがどのページに到達したかを確認することができます。

[集客]の
レポートの見方は
大切です

宣伝戦略とか
キャンペーンの
立案に役立つ！

▼集客の［概要］レポートの画面構成

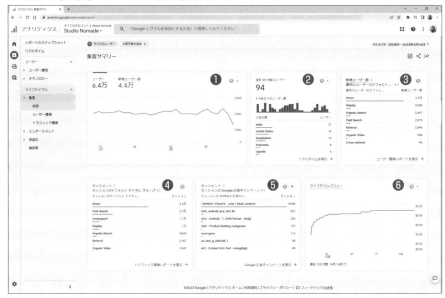

❶ **［概要］**：ユーザー数と新規ユーザー数の推移を折れ線グラフで確認できます。

❷ **［過去30分間のユーザー］**：過去30分間における1分あたりの国別のユーザー数を棒グラフと表で確認できます。

❸ **［新規ユーザー（最初のユーザーのデフォルトチャネル）］**：新規ユーザー数をチャネル別で確認できます。

❹ **［セッション（セッションのデフォルトチャネルグループ）］**：セッション数をデフォルトチャネルグループ別で確認できます。

❺ **［セッション（セッションのGoogle広告キャンペーン）］**：広告の流入元別のセッション数を確認できます。

❻ **［ライフタイムバリュー］**：ユーザーがどの程度収益に貢献しているのかを確認します。

［ユーザー獲得］レポート

　［ユーザー獲得］レポートでは、新規ユーザーがWebサイトやアプリに訪問した際、その流入元別にデータを集計し、どの流入元からの新規ユーザーがコンバージョンに達しやすいかを確認します。「新規ユーザー」に絞って流入を軸にデータが集計されているため、同じユーザーが規定期間内に複数回訪問しても、ユーザー数は「1」とカウントされます。

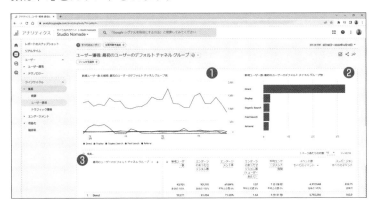

❶ **［新規ユーザーの推移］**：ディメンション（下表参照）別の新規ユーザー数の推移を折れ線グラフで確認できます。

❷ **［新規ユーザー数］**：ディメンション（下表参照）別の新規ユーザー数を棒線グラフで確認できます。

❸ **［メディア］**：ディメンション（下表参照）別の新規ユーザー数やエンゲージメント率、イベント数などの指標についてデータを確認することができます。

［ユーザー獲得］レポートのディメンション

　［ユーザー獲得］レポートでは、ディメンションをメディアやチャネル、参照元などに切り替えて、新規ユーザーを獲得した効果的な流入元を分析します。

ディメンション名	説明
最初のユーザーのデフォルトチャネルグループ	最初にユーザーを獲得したチャネルグループ
ユーザーの最初のメディア	最初にユーザーを獲得したメディア
ユーザーの最初の参照元	最初にユーザーを獲得した参照元
ユーザーの最初の参照元／メディア	最初にユーザーを獲得した参照元とメディア
ユーザーの最初の参照元プラットフォーム	最初にユーザーを獲得したプラットフォーム
ユーザーの最初のキャンペーン	最初にユーザーを獲得したキャンペーン
ユーザーの最初のGoogle広告ネットワークタイプ	最初にユーザーを獲得した広告ネットワーク
ユーザーの最初のGoogle広告の広告グループ名	最初にユーザーを獲得した広告グループID

［トラフィック獲得］レポート

　［トラフィック獲得］レポートは、流入元別にデータを集計し、流入経路別の成果を確認することができます。このレポートでは、どの流入経路が効果的かを確認するため、すべてのセッションの流入経路のデータが表示されています。

❶ **［ユーザーの推移］**：ディメンション（下表参照）別のユーザー数の推移を折れ線グラフで確認できます。

❷ **［ユーザー数］**：ディメンション（下表参照）別のユーザー数を棒線グラフで確認できます。

❸ **［メディア］**：ディメンション（下表参照）別のセッション数やエンゲージメント率、イベント数などの指標についてデータを確認することができます。

［トラフィック獲得］レポートのディメンション

　［トラフィック獲得］レポートでは、ディメンションをメディアやチャネル、参照元などに切り替えて、効果的な流入元を分析します。

ディメンション名	説明
セッションのデフォルトチャネルグループ	セッションに繋がったチャネルグループ
セッションのメディア	セッションに繋がったメディア
セッションの参照元	セッションに繋がった参照元
セッションの参照元 / メディア	セッションに繋がった参照元とメディア
セッションの参照元プラットフォーム	セッションに繋がったプラットフォーム
セッションのキャンペーン	セッションに繋がったキャンペーン

5-7 エンゲージメントとは

GA4の[ユーザー属性の詳細]レポートなど、多くのレポートに[エンゲージのあったセッション]や[エンゲージメント率]といった指標が掲載されています。GA4のレポートを理解するには、「エンゲージメント」を理解しておく必要があります。

エンゲージメントとはWebサイトやアプリを操作すること

　GA4では、アクセス解析の軸がセッションからユーザーに移ったことで、エンゲージメントという概念が追加されました。エンゲージメントは、「ユーザーによるWebサイトやアプリの操作」と定義されています。具体的には、下記の3つの条件のいずれかを満たせばエンゲージのあるセッションとカウントされます。

- ●10秒を越えて継続したセッション
- ●コンバージョンイベントが発生したセッション
- ●2回以上のページビューもしくはスクリーンビューが発生したセッション

　例えば、最初に開いたページの記事をしっかり読んだ後、そのまま離脱した場合は、スクロールしながら10秒以上継続したため、エンゲージメントがあったと見なされます。従来のアナリティクスでは直帰と見なされていましたが、ページの遷移がなくても、記事を読むという価値のある行動をとったことを適切に評価できるようになりました。

[エンゲージのあったセッション数]ってどういうこと？

　[エンゲージのあったセッション]は、エンゲージメントが発生したセッションの回数を意味する指標です。[エンゲージがあったセッション]では、セッションの質を確認することができます。[総セッション数]に対して[エンゲージがあったセッション]が多い程、セッションの質が高いことを意味します。

プラットフォーム / デバイス カテゴリ ▼ ＋	＋ ユーザー	新規ユーザー数	エンゲージのあったセッション数	エンゲージメント率	エンゲージのあったセッション数（1ユーザーあたり）	平均エンゲージメント時間
	19,547 全体の 100%	10,187 全体の 100%	23,697 全体の 100%	67.01% 平均との差 0%	1.21 平均との差 0%	5 分 38 秒 平均との差 0%
1　Android / mobile	16,646	8,948	17,017	63.72%	1.02	3 分 38 秒
2　iOS / mobile	1,494	179	4,964	85.32%	3.32	25 分 12 秒
3　web / mobile	606	630	1	0.15%	<0.01	0 分 00 秒
4　Android / tablet	327	182	459	73.21%	1.40	8 分 32 秒
5　iOS / tablet	322	37	826	86.16%	2.57	28 分 47 秒
6　web / desktop	172	191	2	0.99%	0.01	0 分 00 秒
7　web / tablet	19	20	0	0%	0.00	0 分 00 秒

エンゲージメント率とは

　［エンゲージメント率］とは、すべてのセッションの内、エンゲージメントが発生したセッションの割合のことです。数値が高い程、質の高いセッションとなります。逆にエンゲージメント率が低い場合は、直帰しているユーザーが多いことを意味するため、対策を検討した方がよいことになります。なお、エンゲージメント率を求める式は次の通りです。

▼エンゲージメント率＝エンゲージのあったセッション数÷すべてのセッション数

	プラットフォーム / デバイス カテゴリ　▼　＋	↓ ユーザー	新規ユーザー数	エンゲージのあったセッション数	エンゲージメント率	エンゲージのあったセッション数（1ユーザーあたり）	平均エンゲージメント時間
		19,547 全体の 100%	10,187 全体の 100%	23,697 全体の 100%	67.01% 平均との差 0%	1.21 平均との差 0%	5 分 38 秒 平均との差 0%
1	Android / mobile	16,646	8,948	17,017	63.72%	1.02	3 分 38 秒
2	iOS / mobile	1,494	179	4,964	85.32%	3.32	25 分 12 秒
3	web / mobile	606	630	1	0.15%	<0.01	0 分 00 秒
4	Android / tablet	327	182	459	73.21%	1.40	8 分 32 秒
5	iOS / tablet	322	37	828	86.16%	2.57	28 分 47 秒
6	web / desktop	172	191	2	0.99%	0.01	0 分 00 秒
7	web / tablet	19	20	0	0%	0.00	0 分 00 秒

平均エンゲージメント時間とは？

　［平均エンゲージメント時間］とは、ユーザーがWebサイトやアプリを使用していた時間の平均値です。平均エンゲージメント時間が長い程セッションの質が高いことを示し、Webサイトやアプリの画面を最前面にして使用しているとエンゲージメント時間がカウントされます。アプリをバックグラウンドで開いていたり、Webサイトを最前面でないタグで開いたりしているとカウントされません。

	プラットフォーム / デバイス カテゴリ　▼　＋	↓ ユーザー	新規ユーザー数	エンゲージのあったセッション数	エンゲージメント率	エンゲージのあったセッション数（1ユーザーあたり）	平均エンゲージメント時間
		19,547 全体の 100%	10,187 全体の 100%	23,697 全体の 100%	67.01% 平均との差 0%	1.21 平均との差 0%	5 分 38 秒 平均との差 0%
1	Android / mobile	16,646	8,948	17,017	63.72%	1.02	3 分 38 秒
2	iOS / mobile	1,494	179	4,964	85.32%	3.32	25 分 12 秒
3	web / mobile	606	630	1	0.15%	<0.01	0 分 00 秒
4	Android / tablet	327	182	459	73.21%	1.40	8 分 32 秒
5	iOS / tablet	322	37	828	86.16%	2.57	28 分 47 秒
6	web / desktop	172	191	2	0.99%	0.01	0 分 00 秒
7	web / tablet	19	20	0	0%	0.00	0 分 00 秒

［エンゲージメント］トピックの
レポートを活用しよう

エンゲージメントはセッションの質を確認できる重要な指標です。［エンゲージメント］トピックでは、エンゲージのあったセッションで、イベント数やコンバージョン、ページやスクリーンの表示などの切り口で、ユーザーやセッションの質について分析することができます。

［エンゲージメント］トピックとは

　UAでは、最初に表示したWebページから遷移しない離脱は直帰として処理されていました。しかし、最初に表示したWebページを閲覧し、後日コンバージョンを達成したのであれば、意味のある訪問だったはずです。そういった隠れた価値を適切に評価するために「エンゲージメント」という概念が作られました。

　［エンゲージメント］トピックでは、エンゲージメントのあったユーザーの質をイベントやコンバージョン、ページなどの角度から精査します。［エンゲージメント］トピックのレポートを活用して、アクセスやユーザーの質を上げましょう。

最初に開いたページのみで離脱したユーザーでも貢献度が違う

ユーザーA

思ってたのと
違ったので
すぐにページを
閉じてしまった

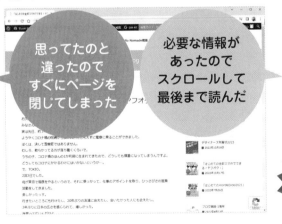

必要な情報が
あったので
スクロールして
最後まで読んだ

ユーザーB

後日
コンバージョン
達成!!

エンゲージメントの［概要］レポート

　エンゲージメントの［概要］レポートでは、イベントやコンバージョンなどサイト内でのユーザーの行動に関する主な指標のデータが7枚のカードにまとめられています。ユーザーのサイト内での行動を確認して、Webサイトのコンテンツを評価したり、ユーザーの傾向や特徴を導き出したりしてみましょう。

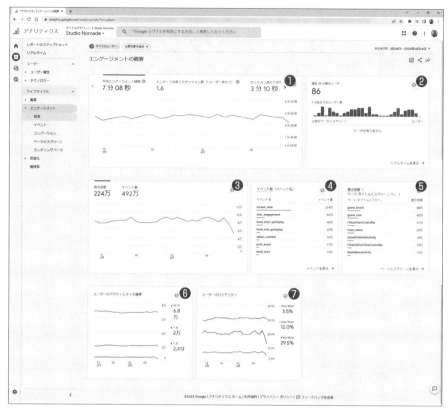

❶ **平均エンゲージメント時間**：エンゲージのあったセッション数（1ユーザーあた
り）/セッションあたりの平均エンゲージメント時間

❷ **[過去30分間のユーザー]**：過去30分間1分ごとのユーザー数を棒グラフで、
ユーザー数の多いページをランキング形式で確認できます

❸ **表示回数/イベント数**：ページの表示回数とイベント計測回数が折れ線グラフ
で確認できます。

❹ **[イベント数（イベント名）]**：イベント計測回数の多いイベント名をランキング
形式で確認できます。

❺ **[表示回数（ページタイトルとスクリーンクラス）]**：表示回数の多いWebペー
ジやアプリの画面をランキング形式で表示します。

❻ **[ユーザーのアクティビティの推移]**：過去30日、7日、1日にアプリを使用し
たユーザー数が折れ線グラフで表示されます。

❼ **[ユーザーのロイヤリティ]**：アクティブユーザーによる短期間でのエンゲージ
メントと長期間でのエンゲージメントの比率を折れ線グラフで確認できます。

［イベント］レポート

　イベント名ごとのイベント数や推移、1ユーザーあたりのイベント数など、イベントを中心としたデータを確認できます。どんなイベントが多く発生しているか、イメージ通りにイベントが発生しているかなどアクセスの質を確認し、戦略立案やコンテンツの修正に反映させましょう。なお、このレポートは、カスタマイズすることができます。カスタマイズの方法はSECTION5-14を参照してください。

❶ **［イベント数の推移：イベント名別］**：上位5つのイベント数の推移を折れ線グラフで確認できます。

❷ **［イベント数：イベント名］**：上位5つのイベント数を棒グラフで確認できます。

❸ イベント名別にイベント数やユーザー数、ユーザーあたりのイベント数、合計収益の値を確認できます。なお、目的のイベント名をクリックするとイベントの詳細レポート（下図参照）が表示されます。

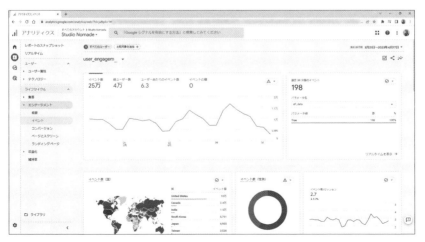

［コンバージョン］レポート

　［コンバージョン］レポートでは、コンバージョンとして登録したイベントの数値を確認することができます。コンバージョン数と総ユーザー数を比較して、コンバージョンに到達する割合を確認してみるなど、コンバージョンについて分析してみましょう。また、各コンバージョン名は、クリックするとその詳細レポートを表示させることができます。

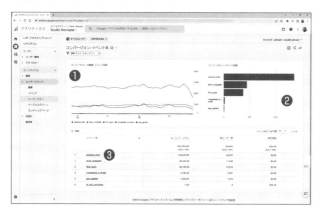

● **［コンバージョン数の推移：イベント名別］**：上位5つのコンバージョン数の推移を折れ線グラフで確認できます。

❷ **［コンバージョン数：イベント名別］**：上位5つのコンバージョン数を棒グラフで確認できます。

❸ コンバージョン名別にコンバージョン数、総ユーザー数、合計収益の値を確認できます。なお、目的のコンバージョン名をクリックするとコンバージョンの詳細レポート（下図参照）が表示されます。

［ページとスクリーン］レポート

　［ページとスクリーン］レポートでは、Web サイトのページまたはアプリのスクリーン（画面）ごとのデータを確認できます。ユーザーがどのページや画面に興味を持っているのか、何ページくらい回遊しどれくらい滞在しているのかなど、ページや画面を中心としたデータをチェックしてみましょう。

❶ **［表示回数の推移：ページタイトルとスクリーンクラス別］**：上位5つのページタイトルまたはスクリーンクラス別に表示回数の推移を折れ線グラフで確認できます。

❷ **［表示回数：ページタイトルとスクリーンクラス別］**：上位5つのページタイトルまたはスクリーンクラス別に表示回数を棒グラフで確認できます。

❸ **［ページタイトルとスクリーンクラス］**：ページタイトルまたはスクリーンクラス別の表示回数やユーザー数、平均エンゲージメント時間などの集計値を確認できます。

表に設定可能なディメンション

● **［ページタイトルとスクリーンクラス］**：Web ページのタイトルとアプリのデフォルトのスクリーン名別にデータを確認できます。

● **［ページ階層とスクリーンクラス］**：Web ページのパスとアプリのデフォルトのスクリーン名別にデータを確認できます。

● **［ページタイトルとスクリーン名］**：Web ページのタイトルとアプリのスクリーン名別にデータを確認できます。

● **［コンテンツグループ］**：作成したコンテンツグループ単位でデータを確認できます。

［ランディングページ］レポート

「ランディングページ」は、ユーザーがWebサイト訪問時に最初に表示したページです。［ランディングページ］レポートでは、ランディングページ別に集計されたデータを確認できます。ランディングページを確認すると、Webサイトのコンテンツ中、どの記事の人気が高いのかがわかります。

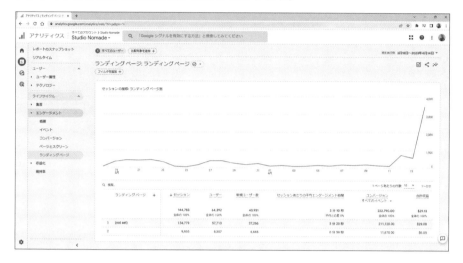

━━━━━━━━━ COLUMN ━━━━━━━━━

［エンゲージメント］トピックの見方

　［エンゲージメント］トピックに用意されているレポートは、［イベント］、［コンバージョン］、［ページとスクリーン］、［ランディングページ］と、その意図がわかりやすく、重要なレポートばかりです。［イベント］レポートと［コンバージョン］レポートでは、下部の表で気になるイベント名をクリックし、そのイベントに関する詳細なデータを確認しましょう。また、［ページとスクリーン］レポートと［ランディングページ］レポートでは、各ページの表示回数とユーザー数、平均エンゲージメント時間などから傾向を確認して、コンテンツの品質を精査してみましょう。

ユーザーが
どのページを頻繁に
見ているかがわかるので
Webデザインも
大事です

［収益化］トピックの レポートを活用しよう

［収益化］トピックでは、オンラインショッピングのアイテム情報やアプリ内購入、広告収益など、収益に関する集計データを確認することができます。アイテムごとに閲覧数や購入数を確認して、販売促進につなげたり、キャンペーンを企画したりしてみましょう。

［収益化］トピックのレポートとは

　［収益化］トピックでは、eコマース、アプリ内購入、パブリッシャー広告、プロモーションの4つの手段でどれくらい利益を生み出しているのかを確認することができます。アイテム情報を閲覧するユーザー数や広告のインプレッション数など、さまざまな角度から利益につながるデータを解析できます。

　なお、［収益化］トピックのレポートは、eコマースを実装、設定しなければデータの収集が開始されません。オンライン取引の形態に合わせて、実装する範囲を決めて作業を進めます。なお、eコマースの実装、設定については、SECTION6-4で解説します。

▼［収益化］トピックの構成

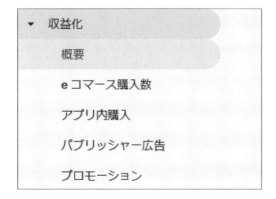

収益化の［概要］レポートを活用しよう

　収益化の［概要］レポートでは、収益に関する主な指標が9枚のカードで確認することができます。また、データのカードは、ひとめで必要な情報がわかるように配置や種類をカスタマイズすることができます。［概要］レポートに必要な情報を集めて、データの変化にすばやく対応できるようにしておきましょう。

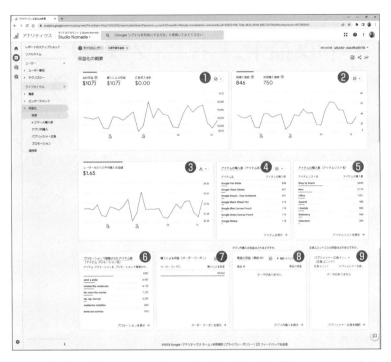

❶ [合計収益/購入による収益/広告収入の合計]：「購入・定期購入による収益＋
広告収入」と「購入・定期購入による収益」、「広告収入」の3種類の収益の合計値と
各収益の推移を折れ線グラフで確認できます。

❷ [総購入者/初回購入者]：期間中に購入イベントがあったユーザー数と初めて
購入イベントがあったユーザー数、それぞれのユーザー数の推移を折れ線グラ
フで確認できます。

❸ [ユーザーあたりの平均購入収益額]：ユーザーあたりの平均購入収益額を折れ
線グラフで日単位で確認できます。

❹ [アイテムの購入数 (アイテム名)]：アイテム名別の購入数をランキング形式の
表で確認できます。

❺ [アイテムの購入数 (アイテムリスト名)]：購入したアイテムリスト別の購入数
を確認できます。

❻ [プロモーションで閲覧されたアイテム数 (アイテムプロモーション名)]：アイ
テムプロモーション名別のアイテム表示回数がランキング形式の表で確認でき
ます。

❼ [購入による収益 (オーダークーポン)]：オーダークーポン別の収益をランキン
グ形式の表で確認できます。

❽ [商品の収益 (商品ID)]：アプリ内における商品IDごとの収益を確認できます。

❾ [パブリッシャー広告インプレッション数]：広告ユニット別にパブリッシャー
広告インプレッションやクリック数を確認できます。

[eコマース購入数] レポート

　[eコマース購入数] レポートでは、アイテム別にアイテム情報を閲覧した回数やカートに追加した回数、購入回数と収益の金額が表示され、ユーザーがアイテムに対してとった行動を把握することができます。データを [閲覧されたアイテム数] や [アイテムの収益] で並べ替えるなどして、コンバージョン率が高いアイテムを探し出してみましょう。

❶ **[閲覧されたアイテム数の推移 (アイテム名別)]**：アイテム名別にアイテム情報が閲覧された回数の推移を折れ線グラフで確認できます。

❷ **[閲覧されたアイテム数とカートに追加されたアイテム数 (アイテム名別)]**：アイテムごとにアイテムの表示回数とカートに追加された回数が散布図で表示され、その相関性を確認できます。

❸ **アイテム別ユーザーの行動についての表**：ディメンションは [アイテム名]、指標は [閲覧されたアイテム数]、[カートに追加されたアイテム数]、[アイテム購入数]、[アイテムの収益] で、ユーザーの行動とアイテム購入との相関性を確認します。

［アプリ内購入］レポート

［アプリ内購入］レポートは、アプリ内課金やゲームの購入など、アプリ上でユーザーが購入したサービスや商品についてのデータを表示しています。アプリ内購入で売れ筋商品や販売数量の推移を確認することができます。

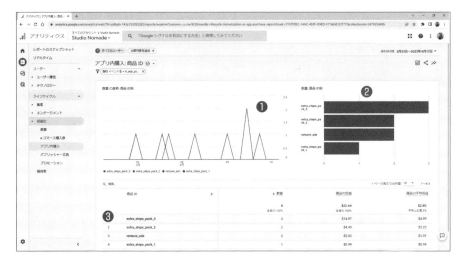

❶ **［数量の推移（商品ID別）］**：商品ID別にアプリ内購入された数量の推移を折れ線グラフで確認できます。

❷ **［数量（商品ID別）］**：商品ID別に、ユーザーが購入したアイテムの数量を棒グラフで確認できます。

❸商品ID別販売数量と収益に関する表：商品ID別に、［数量］と［商品の収益］、［商品の平均収益］のデータを確認できます。

COLUMN

［収益化］トピックの見方

　［収益化］トピックには、［概要］の他に、［eコマースの購入数］、［ユーザーの購入経路］、［アプリ内購入］、［パブリッシャー広告］、［プロモーション］の5つのレポートが用意されています。どのレポートも、利益や売り上げを左右する重要なレポートとなっていますが、特に［eコマースの購入数］レポートが重要となってくるでしょう。どのような商品が売れているのか、コンバージョン率の高い商品はどれかといった重要なデータが含まれています。また、［ユーザーの購入経路］レポートを利用すると、購入経路を確認することで、注力するポイントを探すことができます。

［パブリッシャー広告］レポート

　［パブリッシャー広告］レポートには、アプリに掲載した広告、それに関連するエンゲージメントと収益が表示されます。アプリで広告をタップしたユーザー数や広告が表示されている時間、最も広告の表示数を多い広告フォーマットなどを確認する際に便利です。

❶ **［パブリッシャー広告インプレッション数の推移（広告ユニット別）］**：広告ユニット別にパブリッシャー広告の表示された回数の推移を折れ線グラフで確認できます。

❷ **［パブリッシャー広告インプレッション数（広告ユニット別）］**：広告ユニット別にパブリッシャー広告が表示された回数を棒グラフで確認できます。

❸広告ユニット別に［パブリッシャー広告インプレッション数］、［広告ユニットの表示時間］、［パブリッシャー広告クリック数］、［広告収入合計］の4つの指標のデータを確認できます。なお、ディメンジョンは、次の通りに切り替えられます。

　　●［広告ユニット］
　　●［ページパスとスクリーンクラス］
　　●［広告のフォーマット］
　　●［広告のソース］

［プロモーション］レポート

　「プロモーション」とは、ユーザーに試供品を渡したり、送料を無料にしたりするなど、インセンティブを提供して商品やサービスの購入を促すことです。［プロモーション］レポートでは、商品やサービスの購入や収益に対するプロモーションの影響をデータで確認できます。

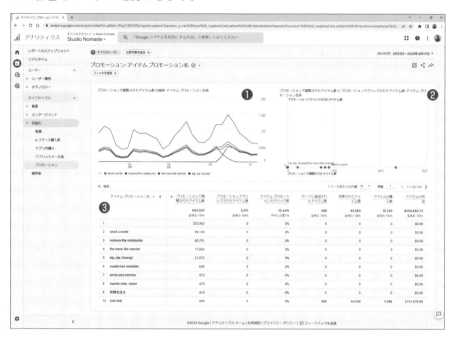

❶ **［プロモーションで閲覧されたアイテム数の推移（アイテムプロモーション名別）］**：プロモーションの実施で閲覧されたアイテムの数の推移を折れ線グラフで確認できます。

❷ **［プロモーションで閲覧されたアイテム数とプロモーションでクリックされたアイテム数（アイテムプロモーション別）］**：プロモーションで閲覧されたアイテム数とクリックされたアイテム数の分布を散布図で確認できます。

❸ アイテムプロモーション名別にプロモーションで閲覧されたアイテム、クリックされたアイテム、カートに追加されたアイテム、決済されたアイテムのデータを表示し、プロモーションの影響について分析できます。

5-10 ［維持率］レポートを活用しよう

GA4で「維持率」は、Webサイトやアプリにおいてユーザーを維持できる割合を指します。リピーターになる割合や平均滞在時間、エンゲージメントなどを確認し、ユーザーの維持率を向上させるように役立ててみましょう。

維持率の［概要］レポートとは

　維持率の［概要］レポートでは、ユーザーのリピート率や平均滞在時間など、Webサイトやアプリの継続利用に関するデータを確認することができます。特に情報サイトやニュースサイト、オンラインサービスなど、ユーザーの継続利用が重要なサービスでは、大変重要な指標となります。

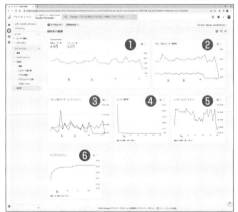

❶ **［新規ユーザー数/リピーター数］**：ユーザー数とリピーター数の推移を折れ線グラフで確認できます。

❷ **［コホート別のユーザー維持率］**：1日後、7日後、30日後に再訪問したユーザーの割合の推移を確認できます。

❸ **［コホート別ユーザーエンゲージメント］**：1日後、7日後、30日後に再訪問したユーザーの平均滞在時間の推移を折れ線グラフで確認できます。

❹ **［ユーザー維持率］**：ユーザーが初めてアクセスした日の人数を100%として、翌日以降リピートする割合の推移を折れ線グラフで確認できます。

❺ **［ユーザーエンゲージメント］**：過去42日間にリピーターの平均エンゲージメント時間の推移を折れ線グラフで確認できます。

❻ **［ライフタイムバリュー］**：初回訪問から120日間の平均収益の推移を折れ線グラフで確認できます。

5-11 [標準] レポートの 基本的な操作方法

[標準] レポートでは、ディメンションを切り替えたり、データの並び順を変更したりして、データの見方を変えることができます。少しデータを並び替えるだけで、データの見え方が違ってきます。さまざまな切り口からデータを確認し、適切な意思決定に役立てましょう。

ディメンションを切り替える

① ディメンションの一覧を表示する

ディメンションの右に表示されている [▼] をクリックしてディメンションの一覧を表示します。

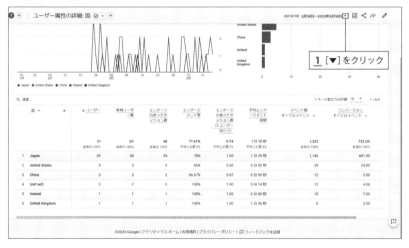

COLUMN

ディメンションや指標を切り替える

[ユーザー属性の詳細] レポートや [トラフィック獲得] レポートなど、多くの詳細レポートの表では、ディメンションや指標を他のものに切り替えることができます。他のものに切り替えられるディメンションや指標には、ディメンション名、指標名の右側に [▼] が表示されているのでクリックし、表示される一覧で目的のものを選択します。

② ディメンションを選択する

目的のディメンションを選択します。

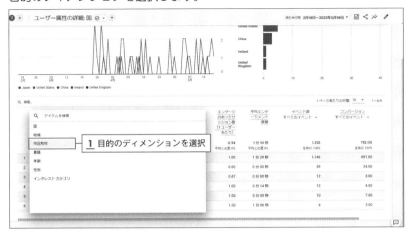

1 目的のディメンションを選択

③ ディメンションが切り替わった

ディメンションが切り替わりました。

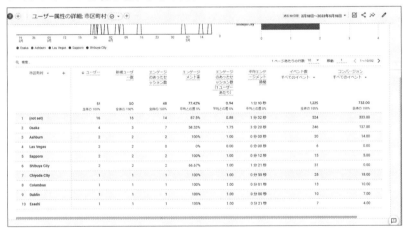

COLUMN

表のページを切り替える

　データが1ページに収まりきらず、複数のページにわたる場合は、表の右上にある
[<]または[>]をクリックして、ページを移動します。また、[移動]の右でページ数を
指定すると、そのページに移動できます。

セカンダリディメンションを追加する

① ディメンションの一覧を表示する

表のディメンションの右にある [+] をクリックして、ディメンションの一覧を表示します。

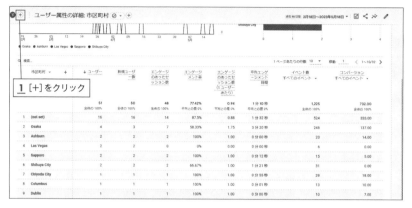

1 [+] をクリック

② ディメンションを選択する

目的のディメンションを選択します。

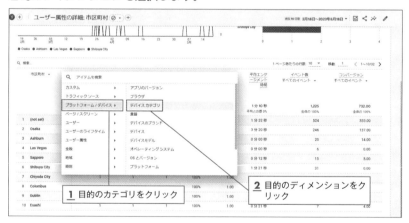

1 目的のカテゴリをクリック

2 目的のディメンションをクリック

COLUMN

セカンダリディメンションを追加する

　「セカンダリディメンション」は、2つ目に設定するディメンションのことです。表の軸を増やして、データを深掘する際に利用します。例えば、1つ目のディメンションに [国] が設定されている表で、セカンダリディメンションに [性別] を追加すると、国別のデータをさらに性別で表示し、「日本の男性」といったデータを抽出することができます。

3 セカンダリディメンションが追加された

セカンダリディメンションが追加されました。

── COLUMN ──

1ページに表示する行数を変更する

　データが多くて表のページを切り替えるのがまどろっこしいことがあります。この場合は、表の1ページ当たりの行数を変更しましょう。1ページ当たりの行数を変更するには、行の右上にある[1ページあたりの行数]のプルダウンメニューをクリックし、目的の行数を選択します。

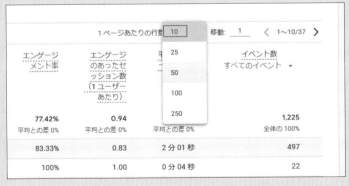

05

［標準］レポートを使いこなそう

203

データを並べ替える

① ### データを降順で並び替える

マウスポインタを並べ替えたい項目の左に合わせると [↓] が表示されるのでクリックします。

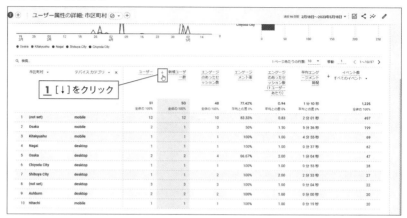

② ### データが降順で並び替えられた

データが目的の項目の降順に並べ替えられます。

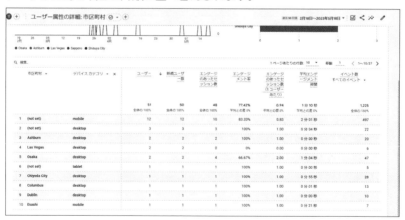

── COLUMN ──

データを並び替える

　レポートの表のデータを並び替えるには、ディメンションや指標の右横にマウスポインタを合わせると、[↑] または [↓] のアイコンが表示されるのでクリックします。[↑] をクリックすると昇順に、[↓] をクリックすると降順にデータが並び替えられます。

データの表示期間を変更する

① **カレンダーを表示する**

右上の表示期間のプルダウンメニューをクリックしてカレンダーを表示します。

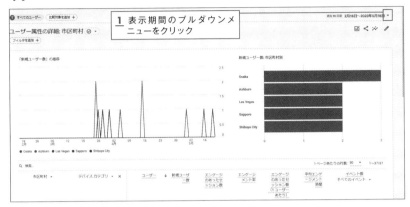

1 表示期間のプルダウンメニューをクリック

② **データの表示期間を指定する**

メニューで［今週］をクリックし、表示されるサブメニューで［今週］に含める表示期間を選択して、［適用］をクリックすると表示期間が変更されます。

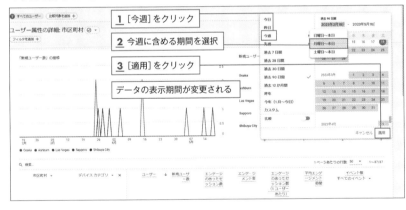

1 ［今週］をクリック

2 今週に含める期間を選択

3 ［適用］をクリック

データの表示期間が変更される

05

[標準] レポートを使いこなそう

┌── COLUMN ──┐

特定の日付で期間に絞り込む

上の手順では、カレンダーのメニューを選択して表示期間を設定していますが、特定の日付で表示期間を絞り込むことも可能です。特定の日付で表示期間を指定するには、まずカレンダーで期間の最初の日付をクリックし、次に期間の最後の日付をクリックして、［適用］をクリックします。

5-12 フィルタを使ってデータを絞り込む

表に「(not set)」や「unknown」といったデータが表示されることがあります。このようなデータを非表示にしたいときは、フィルタを利用します。また、「Tokyo」と「Osaka」のみのデータに絞り込みたいときなども、フィルタを利用します。フィルタを使って、データを自由に絞り込みましょう。

[(not set)]のデータを除外する

1 [フィルタの作成] ナビゲーションを表示する

レポートの表に [(not set)] のデータが表示されているので、これを除外します。レポートのタイトルの下にある [フィルタを追加] をクリックします。

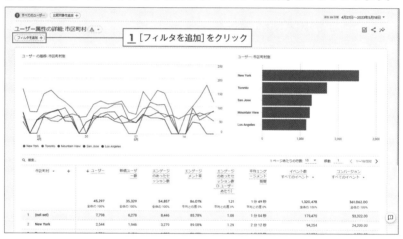

COLUMN

フィルタでデータを絞り込む

表のデータを特定のデータで絞り込んだり、特定のデータを除外したりしたいときは、フィルタを利用します。フィルタを利用するには、レポートのタイトルの下にある [フィルタを追加] をクリックし、[フィルタの作成] ナビゲーションを表示し、条件を設定します。

2 フィルタの条件を選択する

[含む]をクリックしてメニューを表示し、[除外]を選択します。

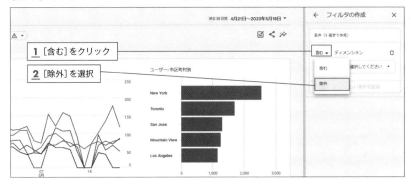

3 メニューを表示する

[ディメンション]のプルダウンメニューをクリックします。

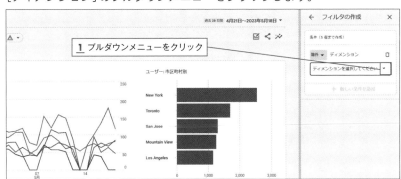

4 ディメンションを選択する

目的のディメンションを選択します。ここでは[地域]にある[市区町村]を
選択します。

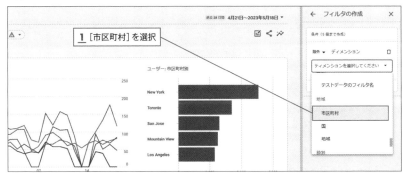

⑤ [(not set)] の除外を設定する

[ディメンションの値] に「not set」と入力し、表示される [「not set」を含む すべての値] をクリックします。

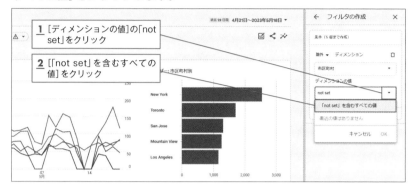

> 1 [ディメンションの値]の「not set」をクリック
>
> 2 [「not set」を含むすべての値]をクリック

⑥ フィルタを適用する

[適用]をクリックし、フィルタを適用します。

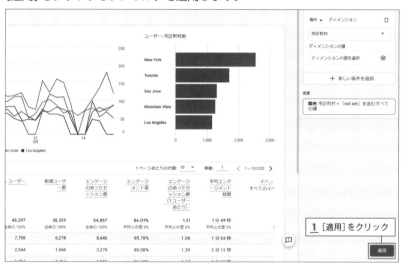

> 1 [適用]をクリック

05

[標準]レポートを使いこなそう

COLUMN

フィルタを編集するには

　フィルタを編集したいときは、タイトルの下に表示されているフィルタ名をクリックすると、[フィルタの作成]ナビゲーションが表示されるので、条件を編集して[適用]をクリックします。

⑦ [(not set)] のデータが除外された

[(not set)] のデータが除外されました

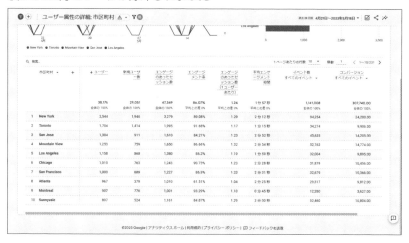

── COLUMN ──

特定のデータを絞り込むには

「Tokyo」のデータのみに絞り込みたいなど、特定のデータで表のデータを絞り込みたい場合もフィルタを利用します。特定のデータで表を絞り込みたいときは、条件に［含む］を選択し、絞り込みたいデータが含まれるディメンションを選択して、ディメンションの値に絞り込むデータを指定します。

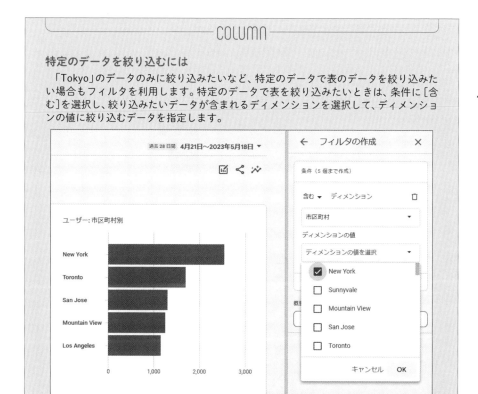

05

［標準］レポートを使いこなそう

フィルタを解除する

① ▶ フィルタを解除する

レポートのタイトルの下に設定されているフィルタが表示されます。フィルタ名の右にある［×］をクリックします。

1 フィルタ名の［×］をクリック

② ▶ フィルタが解除された

フィルタが解除されます。

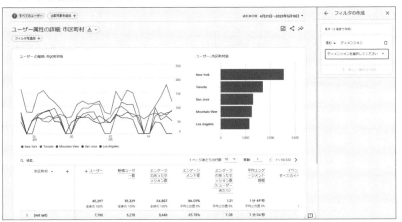

COLUMN

フィルタには複数の条件を設定できる

　フィルタには、複数の条件を設定して、きめ細やかなデータの絞り込みができます。複数の条件を設定するには、1つ目の条件を設定した後、［新しい条件を追加］をクリックし、同様の手順で条件を設定します。なお、条件は最大4つまで追加することができます。

SECTION

5-13 レポートを共有する

会議や打ち合わせなどでレポートを使うことがあるでしょう。GA4のレポートを共有したいときは、レポートのURLまたPDFファイルを送信しましょう。レポートの右上にある［このレポートの共有］アイコンをクリックして、画面の指示に従うだけで簡単にレポートを共有できます。

レポートのURLを送信する

① ［このレポートを共有］ナビゲーションを表示する

目的のレポートを表示し、［このレポートの共有］ ≪ をクリックします。

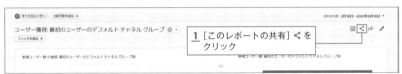

② ［リンクを共有］をクリックする

［リンクを共有］をクリックします。

③ URLをコピーする

［リンクのコピー］をクリックしてURLをコピーし、共有相手にメールで送信します。

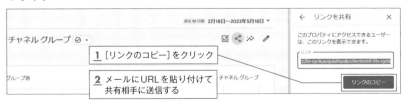

レポートのPDFファイルを送信する

① [ファイルをダウンロード]をクリックする

目的のレポートを表示し、[このレポートの共有] < をクリックして、[ファイルをダウンロード]をクリックします。

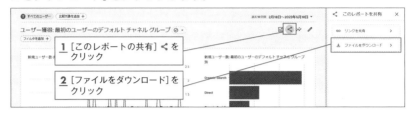

1 [このレポートの共有] < をクリック

2 [ファイルをダウンロード]をクリック

② レポートをダウンロードする

[PDFをダウンロード]をクリックします。

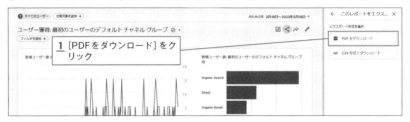

1 [PDFをダウンロード]をクリック

③ レポートをPDFファイルとして保存する

保存先を選択し、ファイル名を入力して、[保存]をクリックします。

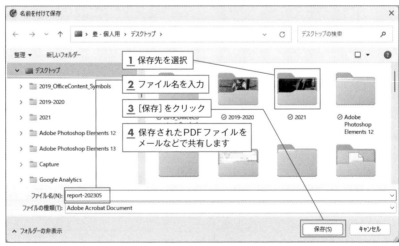

1 保存先を選択

2 ファイル名を入力

3 [保存]をクリック

4 保存されたPDFファイルをメールなどで共有します

5-14 [標準]レポートを カスタマイズする

[標準]レポートは、ディメンションや指標の表示・非表示を変更したり、表示順を入れ替えたりして編集することができます。業務に必要なデータを目立つ位置に移動し、不要なデータを非表示にして、オリジナルのレポートを作成しましょう。

詳細レポートの初期設定を変更する

1 [レポートをカスタマイズ]ナビゲーションを表示する

目的の詳細レポート（ここでは、[ユーザー属性の詳細]レポート）を表示し、[レポートをカスタマイズ] ✐ をクリックします。

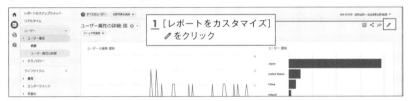

2 ディメンションの編集画面を表示する

[レポートをカスタマイズ]ナビゲーションが表示されるので、[ディメンション]をクリックします。

05

[標準]レポートを使いこなそう

COLUMN

デフォルトのディメンションを変更する

　ナビゲーションで[ユーザー属性の詳細]をクリックすると、ディメンションに[国]が設定されたレポートが表示されます。このように各詳細レポートには、メニューをクリックすると表示されるデフォルトのディメンションが指定されています。デフォルトのディメンションを変更したい場合は、この手順に従って操作します。

③ 詳細レポートのデフォルトを変更する

目的のディメンションの ⋮ をクリックし、[デフォルトに設定]を選択します。

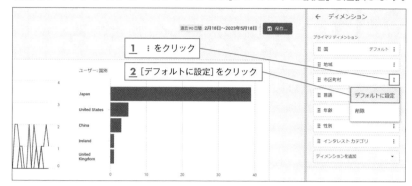

④ 変更をレポートに適用する

[適用]をクリックして、レポートに変更を適用します。

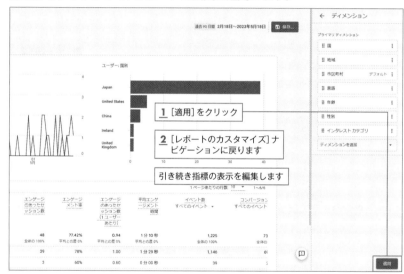

COLUMN

指標の表示順を変更する

　この手順で指標の表示順を変更すると、詳細レポートに表示されている表の指標の表示順が変更されます。必要な指標を目立つ位置に移動させてみましょう。

指標の表示を編集する

① 指標の編集画面を表示する

[指標]をクリックして指標の編集画面を表示します。

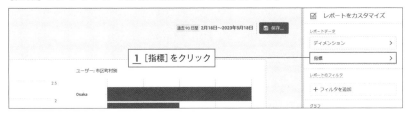

② 目的の指標にマウスポインタを合わせる

目的の指標の左の ⁞⁞ にマウスポインタを合わせます。

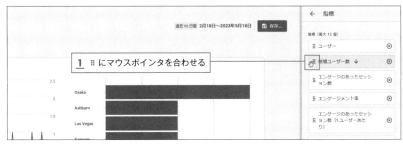

③ 指標の表示順を変更する

目的の位置までドラッグします。位置を変更すると、表の指標の順番を変更することができます。

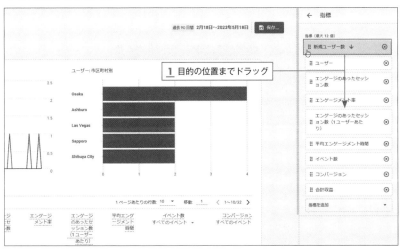

[標準]レポートを使いこなそう

4 不要な指標を非表示にする

不要な指標の［×］をクリックします。

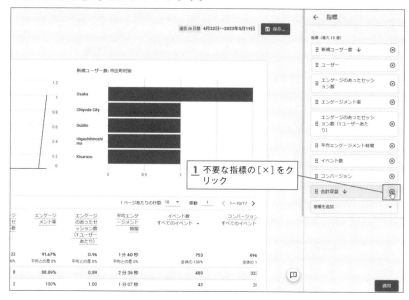

1 不要な指標の［×］をクリック

5 レポートに変更を適用する

Webブラウザで、Googleマーケティングプラットフォームのページを開き、［さっそく始める］をクリックします。

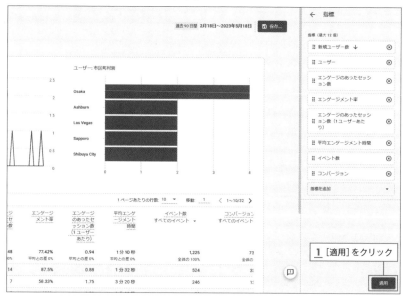

1［適用］をクリック

05

［標準］レポートを使いこなそう

レポートへの変更を保存する

① ### レポートの変更を上書き保存する

[保存]をクリックし、[現在のグラフへの変更を保存]を選択して、上書き保存します。

② ### 上書き保存を確認する

保存することの影響に関するメッセージを確認し、[保存]をクリックすると、レポートが作成されます。

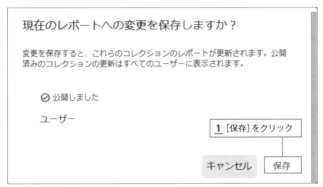

―――――― COLUMN ――――――

指標を追加する

　指標は最大12個まで追加することができます。指標を追加するには、手順4の図で、[指標]ナビゲーションの最下部にある[指標を追加]をクリックし、表示されるメニューで追加する指標を選択します。

③ レポートが保存された

レポートが作成されました。

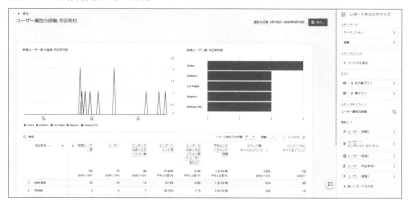

── COLUMN ──

GA4の標準レポートをカスタマイズする際の注意点

注意点は以下の通りです。

● **UAと比べてカスタマイズできる項目が少ない**

GA4では、UAと比べてカスタマイズできる項目が少なくなっています。そのため、UAと同じようにカスタマイズしたい場合は、カスタムレポートを作成する必要があるかもしれません。

● **レポートの作成や編集ができるユーザーを制限することができる**

GA4では、レポートの作成や編集ができるユーザーを制限することができます。そのため、レポートを不正に変更されることを防ぐために、レポートの作成や編集ができるユーザーを制限することをお勧めします。

● **レポートの作成や編集は、レポートの作成者のみ行うことができる**

GA4では、レポートの作成や編集は、レポートの作成者のみ行うことができます。そのため、レポートを作成したユーザーが退職した場合や、レポートの作成者を変更したい場合は、レポートを再作成する必要があります。

GA4の標準レポートをカスタマイズする際には、以上の注意点を守るようにしましょう。これらの注意点を守ることで、GA4の標準レポートを安全かつ効果的にカスタマイズすることが可能になります。

05

［標準］レポートを使いこなそう

218

より深く分析する
ために必要な設定

[標準] レポートを確認するだけでも、結構な情報を得られますが、会社の業種や業態、商品に合った分析をするには、もう一歩深く情報を取得する必要があります。そのためには、オリジナルのディメンションや指標を作成したり、オーディエンスやコンテンツグループ機能を利用して、ユーザーやコンテンツを別の角度から分析したりするとよいでしょう。また、ECサイトを運営している場合は、eコマースの設定は必須となります。GA4でより深い分析を行うために目的や現状に合った設定をしてみましょう。

6-1 オリジナル分析のために必要な設定

GA4を使いこなすほど、デフォルトで用意されているディメンションや指標に物足りなさを感じるケースがあると思います。その場合は、オリジナルのディメンションと指標を作成して、現状に適した独自の分析を行いましょう。

カスタムディメンションとは

「カスタムディメンション」は、ユーザー自身が作成するオリジナルのディメンションです。GA4で自動収集されるイベント以外を分析の軸として、現在の状況にフィットしたレポートを作成し、分析することができます。

スコープという概念を知っておこう

すべてのディメンションは、データの種類に合わせて「ユーザー」、「イベント」、「アイテム」のいずれかのグループが設定されています。このグループのことを「スコープ」といいます。「ユーザースコープ」ではユーザーに関する情報を、「イベントスコープ」ではユーザーが行った操作に関する情報を、「アイテムスコープ」では商品やサービスに関する情報を扱います。例えば、「ユーザーの職業」というディメンションを作成する場合、「ユーザーの職業」はユーザーに紐づいている情報のため「ユーザースコープ」に設定します。なお、2023年4月現在、スコープは「ユーザースコープ」「イベントスコープ」「アイテムスコープ」の3種類ですが、今後追加される可能性もあります。

スコープ	説明	例
ユーザースコープ	ユーザーに紐づく情報を扱う	職業、会員情報など
イベントスコープ	ユーザーが行った操作に関する情報を扱う	ユーザーが閲覧したページ、イベント名など
アイテムスコープ	ユーザーが接点を持った商品やサービスの情報を扱う	商品名、商品カテゴリなど

06

より深く分析するために必要な設定

カスタムディメンションには作成できる数の上限がある

　カスタムディメンションは、スコープごとに作成できる上限が設定されています。上限に達してしまった場合は、使用していないディメンションをアーカイブすることで、新規ディメンションを作成できるようになります。

スコープ	上限数 (無料版)	上限数 (アナリティクス360)
ユーザースコープ	25	100
イベントスコープ	50	125
アイテムスコープ	10	25

カスタム指標とは

　「カスタム指標」は、ユーザー自身が作成するオリジナルの指標です。カスタム指標のスコープは、「イベントスコープ」のみで、カスタム指標の上限は、通常の無料版では50個、有料のアナリティクス360では125個となっています。

指標	上限数 (無料版)	上限数 (アナリティクス360)
カスタム指標	50	125

カスタムディメンションを設定する

[カスタム定義]画面を表示する

　GA4で[管理]のアイコンをクリックして[管理]画面を表示し、[プロパティ]列にある[カスタム定義]をクリックします。なお、記事のカテゴリをカスタムディメンションとして設定する手順を解説します。

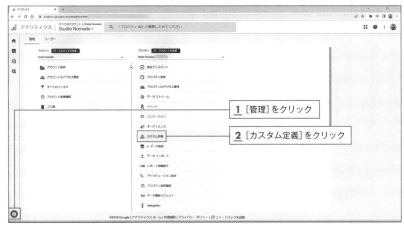

② カスタムディメンションの作成画面を表示する

[カスタムディメンションを作成]をクリックし、カスタムディメンション作成画面を表示します。

1 [カスタムディメンションを作成]をクリック

③ カスタムディメンションを登録する

わかりやすいディメンション名を入力し、[範囲]で[イベント]を選択して、説明を入力し、[イベントパラメータ]に「category」と入力して、[保存]をクリックします。

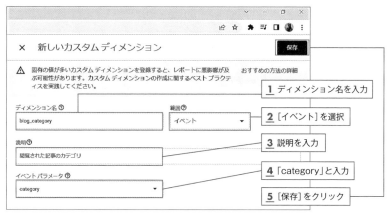

1 ディメンション名を入力

2 [イベント]を選択

3 説明を入力

4 「category」と入力

5 [保存]をクリック

06

より深く分析するために必要な設定

COLUMN

イベントパラメータを設定する

手順3の図の[イベントパラメータ]には、イベントのパラメータ名にわかりやすい名前を入力します。なお、[範囲]で[ユーザー]を選択した場合は、[ユーザープロパティ]を入力します。パラメータ名には、収集するパラメータまたはプロパティの名前を入力します。

カスタムディメンションが保存された

4

カスタムディメンションが保存され、[カスタム定義]画面の[カスタムディメンション]の一覧に追加表示されます。

— COLUMN —

カスタムディメンションをレポートで使用する

登録したカスタムディメンションは、[探索]レポートでレポートを作成する際に、ディメンションの選択肢の1つとして選択できるようになります。カスタムディメンションを利用して、現在の状況に即したレポートを作成してみましょう。

▼カスタムディメンションの設定例

カスタムディメンション名	スコープ	ユーザープロパティ	パラメータ
会員ID	ユーザー	menber_id	
生年月日	ユーザー	birth	
性別	ユーザー	sex	
会員ランク	ユーザー	menber_rank	
イベント名	イベント		event_name
ログインステータス	イベント		login
資料名	イベント		doc_name
資料カテゴリ	イベント		doc_category
参照元	イベント		source
Webページの場所	イベント		page_location
前のページのURL	イベント		page_referrer
Webページのタイトル	イベント		page_title
動画の再生時間（秒）	イベント		video_current_time
動画全体の時間（秒）	イベント		video_duration
メディア	イベント		medium
キャンペーン	イベント		campaign
キーワード	イベント		term
問い合わせの種類	イベント		inq_type

06

より深く分析するために必要な設定

カスタム指標を設定する

① カスタム指標のリストに切り替える

[管理]画面の[プロパティ]列で[カスタム定義]をクリックして[カスタム定義]画面を表示し、表の上部にある[カスタム指標]をクリックします。

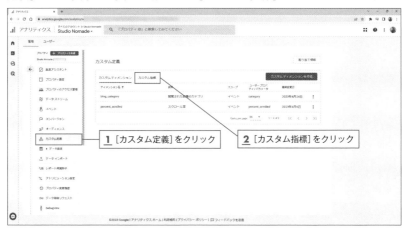

1 [カスタム定義]をクリック　　　**2** [カスタム指標]をクリック

② カスタム指標作成画面を表示する

[カスタム指標を作成]をクリックして、カスタム指標の作成画面を表示します。

1 [カスタム指標を作成]をクリック

③ カスタム指標を登録する

わかりやすい指標名を入力し、説明を入力して、[イベントパラメータ]に「content_type」と入力し、[測定単位]に[標準]を選択して、[保存]をクリックします。

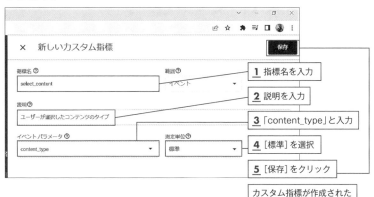

1 指標名を入力
2 説明を入力
3 「content_type」と入力
4 [標準]を選択
5 [保存]をクリック

カスタム指標が作成された

COLUMN

設定してから表示までに時間がかかる

　カスタムディメンションは、作成してから48時間はデータが反映されず、「(not set)」と表示されます。また、カスタム指標にデータが表示されるまでには、24〜48時間ほど時間がかかります。カスタムディメンションも、カスタム指標も、設定してから利用できるようになるまで、時間がかかることを見越して運用しましょう。

---

④ カスタム指標を利用する

[探索]レポートの[変数]パネルの[指標]にある[+]のアイコンをクリックし、指標の一覧で[カスタム]をクリックして目的のカスタム指標をオンにします。

1 [指標]の[+]をクリック
2 [カスタム]をクリック
3 目的のカスタム指標をオンにして利用する

6-2 価値のあるユーザーを探してみよう

ユーザーが多いWebサイトやアプリほどコンバージョンに至る行動に規則性を見出しやすくなります。そんなパターンに当てはまるユーザーに、アプローチをかけたいときは、オーディエンスを利用して、特定の条件を満たすユーザーリストを作成してみましょう。

オーディエンスとは

　「オーディエンス」は、ユーザーが定めた条件を満たすユーザーのグループです。「同じような行動パターンを持つユーザー」や「同じ都道府県在住のユーザー」、「同じコンバージョンを達成したユーザー」など、収集された任意のイベントデータに基づいて作成することができ、細かく条件を設定できます。ユーザーの行動がオーディエンスの条件を満たした場合は、そのユーザーはオーディエンスに追加され、条件を外れた場合は除外されます。

オーディエンスは指定した条件を満たすユーザーのグループです

オーディエンスを使ってできること

　オーディエンスは、[標準]レポートの[比較]の基準として使用し、集計を比較・確認することができます。また、オーディエンスにイベント名を設定することで、そのイベントをコンバージョンとして登録し、分析に利用することもできます。その他には、Google広告と連携して、条件を満たすオーディエンスに対して広告を表示させることにも使えます。オーディエンスを設定して、分析結果を効率的に、効果的に活用してみましょう。

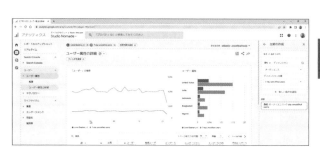

オーディエンスは、比較の基準やコンバージョンとして利用することができます

オーディエンスを設定する

① ▶ **[オーディエンス]画面を表示する**

[管理]画面の[プロパティ]列にある[オーディエンス]をクリックします。

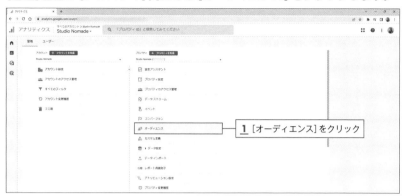

1 [オーディエンス]をクリック

② ▶ **[オーディエンスの新規作成]画面を表示する**

[オーディエンス]をクリックし、オーディエンスの新規作成画面を表示します。

1 [オーディエンス]をクリック

COLUMN

オーディエンストリガーとは

　ユーザーがオーディエンスに設定された条件を満たした場合、ユーザーをオーディエンスリストに追加すると同時にコンバージョンとして計測させることができます。オーディエンスの条件を満たすことをトリガーとしてコンバージョンを計測する機能を「オーディエンストリガー」といいます。オーディエンストリガーを利用すると、複雑な条件を満たしたユーザーの行動に絞り込んでコンバージョンを計測することができます。

③ オーディエンス登録画面を表示する

[カスタムオーディエンスを作成する] をクリックし、オーディエンスの条件登録画面を表示します。

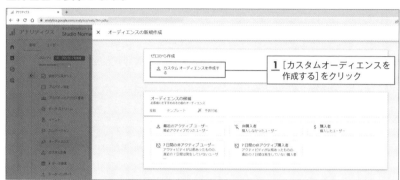

④ オーディエンスに名前を付ける

オーディエンスの名前を入力し、[新しい条件を追加] をクリックします。

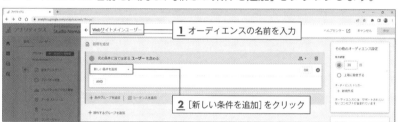

⑤ カテゴリを選択する

目的のカテゴリを選択し、展開されるメニューで目的のサブカテゴリを選択します。ここでは [ユーザー属性] → [年齢] を選択します。

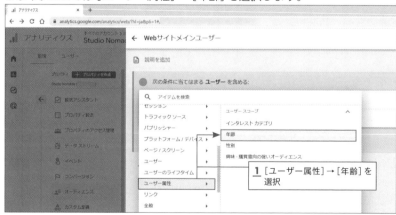

6 詳細な条件を指定する

[条件]で演算子を選択し、具体的な値をオンにします。なお、ここでは演算子に[次のいずれか]を、値に[35-44]と[45-54]を選択します。

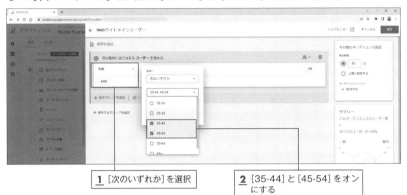

1 [次のいずれか]を選択

2 [35-44]と[45-54]をオンにする

7 詳細な条件を指定する

[適用]をクリックして条件を登録します。[AND]をクリックして条件を追加します。

1 [適用]をクリック

2 [AND]をクリック

8 オーディエンスを保存する

同様の手順で条件を追加し、[保存]をクリックして、オーディエンスの条件を保存します。

1 条件を追加

2 [保存]をクリック

オーディエンスの一覧に追加された

オーディエンスの一覧に新規作成したオーディエンスが追加されます。

COLUMN

オーディエンストリガーを設定する

　オーディエンスをコンバージョンのトリガーとして設定したい場合は、オーディエンストリガーを作成します。オーディエンストリガーを作成すると、オーディエンスの条件を満たすアクセスがあると、そのユーザーはオーディエンスのリストに追加されると同時に、登録したイベントがあった場合に、オーディエンスにオーディエンストリガーを設定するには、手順8の図の右側の[その他のオーディエンス設定]で[オーディエンストリガー]の[新規作成]をクリックし、表示される画面で任意のイベント名を入力して[保存]をクリックします。

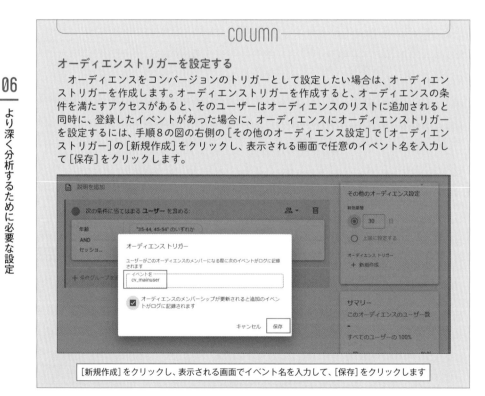

[新規作成]をクリックし、表示される画面でイベント名を入力して、[保存]をクリックします

予測オーディエンスとは

GA4では、機械学習機能が追加され、Webサイトやアプリにとって価値の高いユーザーを予測できるようになりました。この機能を「予測オーディエンス」といいます。予測オーディエンスでは、ユーザーによる過去28日間の操作から、今後1週間以内に自社サイトから購入する可能性のあるユーザーや離脱する可能性のあるユーザー、そして今後1か月間にもたらされる収益を予測します。

指標	定義
購入の可能性	過去 28 日間に操作を行ったユーザーによって、今後 7 日間以内に特定のコンバージョン イベントが記録される可能性です。
離脱の可能性	過去 7 日以内にアプリやサイトで操作を行ったユーザーが、今後 7 日以内に操作を行わない可能性です。
予測収益	過去 28 日間に操作を行ったユーザーが今後 28 日間に達成する全購入コンバージョンによって得られる総収益の予測です。

なお、予測オーディエンスを利用するには、下記の条件を満たしている必要があります。条件を満たしていない場合は、[管理]画面の[オーディエンスの新規作成]画面にある[予測可能]リストで[利用不可]と表示され、予測オーディエンスを設定することができません。

❶GA4で購入イベント(purchase/ecommerce_purchaseイベント OR in_app_purchaseイベント)どちらかが計測されている
❷過去28日間の7日間で購入(もしくは離脱)イベントを完了したリピーターのユーザー、完了していないリピートユーザーが1,000人以上ずつ計測されている
❸モデルの品質を維持するため、上記1,2の条件を満たした後30日間継続してデータ集計し続けられている

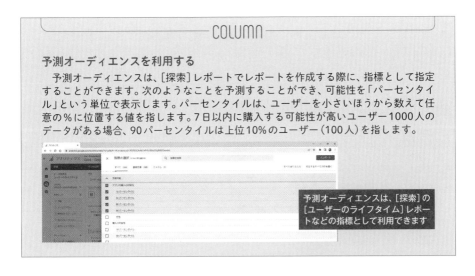

─── COLUMN ───

予測オーディエンスを利用する

予測オーディエンスは、[探索]レポートでレポートを作成する際に、指標として指定することができます。次のようなことを予測することができ、可能性を「パーセンタイル」という単位で表示します。パーセンタイルは、ユーザーを小さいほうから数えて任意の%に位置する値を指します。7日以内に購入する可能性が高いユーザー1000人のデータがある場合、90パーセンタイルは上位10%のユーザー(100人)を指します。

予測オーディエンスは、[探索]の
[ユーザーのライフタイム]レポートなどの指標として利用できます

6-3

Webサイトをカテゴリに まとめて評価しよう

ユーザーがどのページに関心があるか確認することは、とても重要です。しかし、カテゴリレベルでの興味を確認することも同じくらい重要です。複数のWebページを1つのカテゴリでまとめて計測したいときは、コンテンツグループを利用します。

Webページをカテゴリにまとめよう

GA4では、Webページ単位でしかデータを収集できません。しかし、商品のカテゴリ単位や著者別など、複数のWebページを1つのカテゴリでまとめて計測したいこともあります。このような場合は「コンテンツグループ」を作成して、複数のWebページを1つのグループにまとめて計測することができます。

コンテンツグループを作成する

① ［イベント］をクリックする

［管理］画面の［プロパティ］列で［イベント］をクリックします。

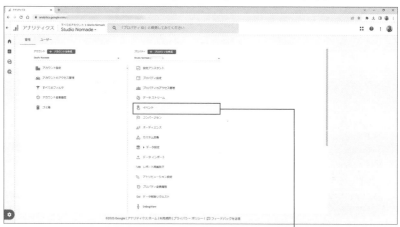

1 ［イベント］をクリック

[イベントの変更]画面を表示する

2

[イベントを変更]をクリックし、[イベントの変更]画面を表示します。

1 [イベントを変更]をクリック

[イベントの修正]画面を表示する

3

[作成]をクリックして、[イベントの修正]画面を表示します。

1 [作成]をクリック

コンテンツグループに名前を付ける

4

[変更の名前]にわかりやすい名前を入力し、[パラメータ]に「event_name」と入力して、[演算子]に[次と等しい]を選択し、[値]に「page_view」と入力して、[条件を追加]をクリックします。

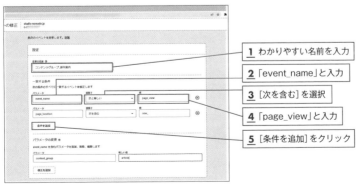

1 わかりやすい名前を入力

2 「event_name」と入力

3 [次を含む]を選択

4 「page_view」と入力

5 [条件を追加]をクリック

⑤ 条件を登録する

［イベントを変更］をクリックし、［イベントの変更］画面を表示します。

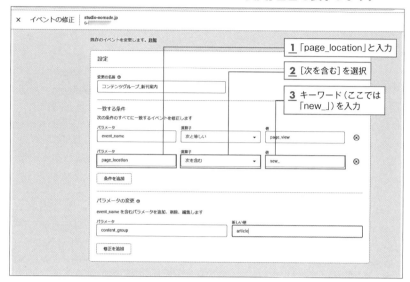

1 「page_location」と入力

2 ［次を含む］を選択

3 キーワード（ここでは「new_」）を入力

⑥ コンテンツグループの設定を保存する

［パラメータ］には「content_group」と入力し、［新しい値］には「article」と入力して、［作成］をクリックします。

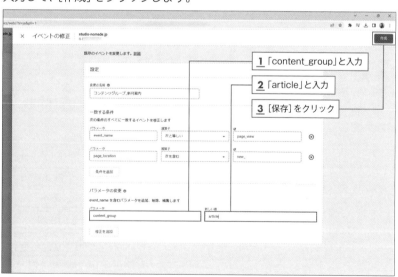

1 「content_group」と入力

2 「article」と入力

3 ［保存］をクリック

06

より深く分析するために必要な設定

234

コンテンツグループが保存された

コンテンツグループが登録されました。

[標準] レポートなどでディメンションとして利用できる

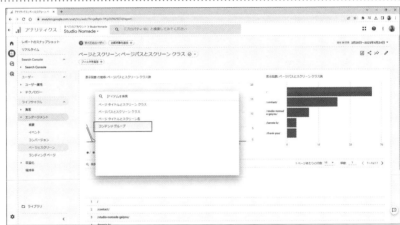

COLUMN

コンテンツグループを活用しよう

　商品個別の紹介ページが用意されているECサイトでは、各商品の紹介ページをカテゴリに分けて、コンテンツグループを作成するとカテゴリ別の傾向分析ができます。コンテンツグループは階層構造で作成することができ、作成可能な最上位コンテンツグループは最大5つまでですが、それらのグループ内に作成できるコンテンツグループに数の制限はありません。商品を適切にカテゴライズして、カテゴリ分析してみましょう。

6-4 eコマースを実装しよう

GA4でECサイトなどの売上情報を計測するには、カートや商品一覧ページなどへのデータレイヤーの記述とタグマネージャーでの設定が必要となります。eコマースを実装すると、eコマース関連のレポートが閲覧できるようになります。

データ取得の範囲を決定しよう

　eコマースを実装できるデータの範囲は次の通りですが、すべてを設定する必要はありません。ECサイトの分析に必要なデータは、商品や構成、決済プロセスによって異なります。データに優先順位をつけて、データ取得の範囲を決めましょう。なお、一般的に優先順位が高いのは「購入の測定」、「商品の詳細表示回数の測定」、「ショッピングカートへの追加の測定」、「決済の測定」です。

eコマースを実装できるデータ範囲
●商品リストの表示回数とインプレッションの測定
●商品／商品リストのクリックの測定
●商品の詳細表示回数の測定
●ショッピングカートへの追加または削除の測定
●プロモーションの表示回数とインプレッションの測定
●プロモーションのクリックの測定
●決済の測定
●購入の測定
●払い戻しの測定

名称例	データレイヤーの変数名
GA4eコマース_affiliation	ecommerce.affiliation
GA4eコマース_coupon	ecommerce.coupon
GA4eコマース_currency	ecommerce.currency
GA4eコマース_shipping	ecommerce.shipping
GA4eコマース_tax	ecommerce.tax
GA4eコマースtransasion_id	ecommerce.tranasaction_id
GA4eコマース_value	ecommerce.value
GA4eコマース_items	ecommerce.items

タグマネージャー用の変数を登録する

　eコマースの計測を設定するには、まずタグマネージャーで利用するeコマース用の変数を登録します。

① [変数]画面を表示する

タグマネージャーを表示し、左のメニューで [変数]をクリックします。

1 [変数]をクリック

② 変数を新規作成する

[ユーザー定義変数]の[新規]をクリックします。

1 [新規]をクリック

③ 変数の設定画面を表示する

変数の名前を入力し、[変数の設定]をクリックします。

1 変数の名前を入力　　**2** [変数の設定]をクリック

変数のタイプを選択する

④

変数のタイプに[データレイヤーの変数]を選択します。

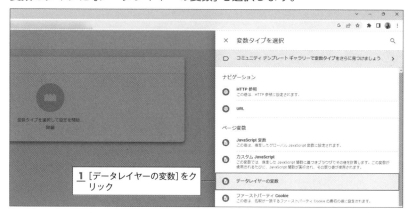

1 [データレイヤーの変数]をクリック

変数名を登録する

⑤

[データレイヤーの変数名]に「ecommerce.tranasaction_id」と入力し、[保存]をクリックします。

1 「ecommerce.tranasaction_id」と入力

2 [保存]をクリック

変数が登録された

⑥

06

より深く分析するために必要な設定

238

購入を測定する

・データレイヤーの記述を追加する

　購入を計測する場合は、購入完了のページに下記のデータレイヤーの記述を追加します。イベント名は「purchase」で、計測は購入が完了したタイミングで実行されます。なお、色文字の部分はそれぞれのWebサイトの内容に合わせて書き換えてください。(サンプルHTMLコードのダウンロード可能。P3参照)

```javascript
dataLayer.push({ ecommerce: null });  // Clear the previous
ecommerce object.
dataLayer.push({
  event: "purchase",
  ecommerce: {
      transaction_id: "T12345", // 決済ID
      affiliation: "Online Store", // アフィリエーション
      value: "6500", // 収益
      tax: "650", // 税額
      shipping: "800", // 配送料
      currency: "JPY", // 通貨
      coupon: "初回限定クーポン", // 使用クーポン
      items: [{
        item_name: "Nomadic T-Shirt", // 商品名
        item_id: "12345", // 商品ID
        price: "2000", // 価格
        item_brand: "Studio Nomade", // ブランド名
        item_category: "Apparel", // 商品カテゴリ
        item_variant: "Green", // 商品の色
        quantity: 2 // 個数
      }, {
        item_name: "Studio T-Shirt", // 商品名
        item_id: "67890", // 商品ID
        price: 2500, // 価格
        item_brand: "Studio Nomade", // ブランド名
        item_category: "Apparel", // 商品カテゴリ
        item_variant: "Black", // 商品の色
        quantity: 1 // 個数
      }]
  }
});
```

タグマネージャーでの設定

　タグマネージャーでは、イベント[purchase]のトリガーとタグを作成します。まずは、トリガーを作成します。

① [トリガー]画面を表示する

　タグマネージャーを表示し、左のメニューで[トリガー]をクリックします。

__1__ [トリガー]をクリック

② トリガーの新規作成画面を表示する

　[新規]をクリックし、トリガーの新規作成画面を表示します。

__1__ [新規]をクリック

③ トリガーのタイプリストを表示する

　トリガーの名前を入力し、[トリガーの設定]をクリックします。

__1__ トリガーの名前を入力

__2__ [トリガーの設定]をクリック

④ トリガーのタイプに [カスタムイベント] を指定する

トリガータイプに [カスタムイベント] を選択します。

1 [カスタムイベント] をクリック

⑤ イベントの情報を登録する

[イベント名] に [purchase] と入力し、[すべてのカスタムイベント] を選択
して、[保存] をクリックします。

1 「purchase」と入力

2 [すべてのカスタムイベント]
を選択

3 [保存] をクリック

トリガー作成に必要な情報

　　トリガータイプ：カスタムイベント
　　イベント名：purchase
　　トリガーの発生場所：すべてのカスタムイベント

⑥ トリガーが新規作成された

トリガーが新規作成されます。[×] をクリックして画面を閉じ、続けてタグ
を新規作成します。

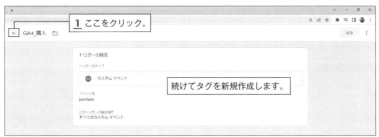

1 ここをクリック。

続けてタグを新規作成します。

タグを新規作成する

⑦ [タグ] をクリックし、[新規] をクリックします。

1 [タグ] をクリック　　　　**2** [新規] をクリック

タグの設定画面を表示する

⑧ タグの名前を入力し、[タグの設定] をクリックします。

1 タグの名前を入力　　**2** [タグの設定] をクリック

タグのタイプを選択する

⑨ タグのタイプに [Google アナリティクス GA4 イベント] を選択します。

1 [Google アナリティクス GA4 イベント] をクリック

タグの詳細を設定する

⑩

[設定タグ]で[なし-手動設定したID]を選択し、[測定ID]にGA4のウェブストリームの測定IDを入力して、イベント名に「purchase」と入力します。[詳細設定]をクリックしてメニューを展開し、[eコマースデータを送信]をオンにして、[データソース]に[Data Layer]が選択されているのを確認します。

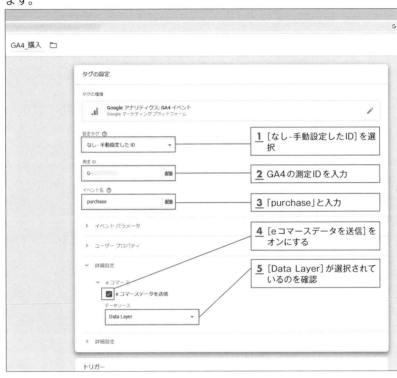

GA4_購入

タグの設定

タグの種類
Google アナリティクス: **GA4 イベント**
Google マーケティング プラットフォーム

設定タグ ⑦
なし-手動設定したID ▼　　**1** [なし-手動設定したID]を選択

測定ID
G-　　**2** GA4の測定IDを入力

イベント名 ⑦
purchase　　**3** 「purchase」と入力

> イベントパラメータ

> ユーザープロパティ　　**4** [eコマースデータを送信]をオンにする

∨ 詳細設定　　**5** [Data Layer]が選択されているのを確認

　∨ eコマース
　☑ eコマースデータを送信
　データソース
　Data Layer ▼

> 詳細設定

トリガー

タグの作成に必要な情報

タグの種類：GoogleアナリティクスGA4イベント

設定タグ：[なし-手動で設定したID]

測定ID：GA4の測定ID

イベント名：[purchase]

eコマースデータを送信：有効

データソース：[Data Layer]

イベント名：[purchase]

eコマースデータを送信：有効

データソース：[Data Layer]

トリガーの選択画面を表示する

(11) [トリガー]をクリックしてトリガーの選択画面を表示します。

1 [トリガー]をクリック

トリガーに [GA4_購入] を指定する

(12) トリガーに先ほど作成した [GA4_購入] を選択します。

1 [GA4_購入]をクリック

タグの情報を保存する

(13) [保存]をクリックし、タグの情報を保存します。

1 [保存]をクリック   タグとトリガーの設定が完了した

商品の詳細表示回数を測定する

・データレイヤーの記述を追加する

　商品の表示回数を計測する場合は、商品の詳細が表示されるページに下記のデータレイヤーの記述を追加します。イベント名は「view_item」で、計測はページが表示されたタイミングで実行されます。なお、色文字の部分はそれぞれのWebサイトの内容に合わせて書き換えてください。(サンプルTHMLコードのダウンロード可能。P3参照)

```
// Measure a view of product details. This example assumes
the detail view occurs on pageload,
dataLayer.push({ ecommerce: null });  // Clear the previous
ecommerce object.
dataLayer.push({
  event: "view_item",
  ecommerce: {
    items: [{
      item_name: "Nomadic T-Shirt", //商品名
      item_id: "67890", //商品ID
      price: 2000, //価格
      item_brand: "Studio Nomade", //ブランド名
      item_category: "Apparel", //商品カテゴリ1
      item_category2: "Mens", //商品カテゴリ2
      item_category3: "Shirts", //商品カテゴリ3
      item_category4: "Tshirts", //商品カテゴリ4
      item_variant: "White", //商品の色
      item_list_name: "Search Results",  //リスト名
      item_list_id: "SR103",  //リストID
      index: 1,  // 掲載順位
      quantity: 1 //個数
    }]
  }
});
```

データレイヤーの記述例は次の公式URLでコピーできます。
https://developers.google.com/tag-manager/ecommerce-ga4?hl=ja

・**タグマネージャーでの設定**
　購入の計測（P.239）と同様の手順でトリガーを作成します。トリガー作成に必要な情報は次の通りです。

トリガーの作成

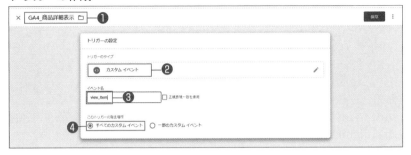

❶**トリガーの名前**：GA4_商品詳細表示　❷**トリガータイプ**：カスタムイベント
❸**イベント名**：view_item　❹**トリガーの発生場所**：すべてのカスタムイベント

購入の計測（P.239）と同様の手順でタグを作成します。タグ作成に必要な情報は次の通りです。

タグの作成

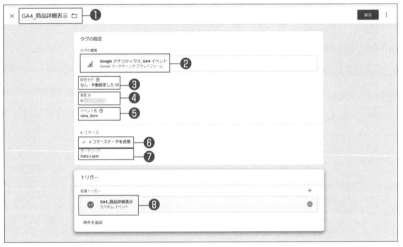

❶**タグの名前**：GA4_商品詳細表示
❷**タグの種類**：GoogleアナリティクスGA4イベント
❸**設定タグ**：[なし-手動設定したID]　❹**測定ID**：GA4の測定ID
❺**イベント名**：view_item　❻**eコマースデータを送信**：有効
❼**データソース**：Data Layer　❽**トリガー**：GA4_商品詳細表示

商品のショッピングカートへの追加を計測する

・データレイヤーの記述を追加する

　商品のショッピングカートへの追加を計測する場合は、商品の詳細が表示されるページに下記のデータレイヤーの記述を追加します。イベント名は「add_to_cart」で、計測は商品がカートに追加されたタイミングで実行されます。なお、色文字の部分はそれぞれのWebサイトの内容に合わせて書き換えてください。(サンプルTHMLコードのダウンロード可能。P3参照)

```
// Measure when a product is added to a shopping cart
dataLayer.push({ ecommerce: null });  // Clear the previous
ecommerce object.
dataLayer.push({
  event: "add_to_cart",
  ecommerce: {
    items: [{
      item_name: "Nomadic T-Shirt", // 商品名.
      item_id: "677320", //商品ID
      price: "2000", //価格
      item_brand: "Studio Nomade", //ブランド名
      item_category: "Apparel", //商品カテゴリ1
      item_category2: "Mens", //商品カテゴリ2
      item_category3: "Shirts", //商品カテゴリ3
      item_category4: "Tshirts", //商品カテゴリ4
      item_variant: "Yellow", //商品の色
      item_list_name: "Search Results", //リスト名
      item_list_id: "SR196", //リストID
      index: 1, //掲載順位
      quantity: 2 //個数
    }]
  }
});
```

データレイヤーの記述例は次の公式URLでコピーできます。
https://developers.google.com/tag-manager/ecommerce-ga4?hl=ja

・タグマネージャーでの設定

　購入の計測（P.239）と同様の手順でトリガーを作成します。トリガー作成に必要な情報は次の通りです。

トリガーの作成

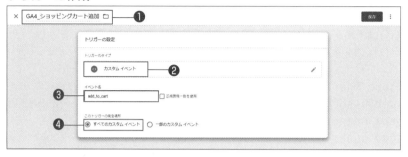

❶トリガーの名前：GA4_ショッピングカート追加
❷トリガータイプ：カスタムイベント　**❸イベント名**：add_to_cart
❹トリガーの発生場所：すべてのカスタムイベント

　購入の計測（P.239）と同様の手順でタグを作成します。タグ作成に必要な情報は次の通りです。

タグの作成

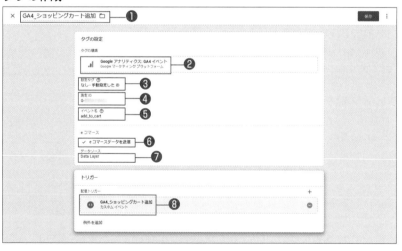

❶タグの名前：GA4_ショッピングカート追加
❷タグの種類：GoogleアナリティクスGA4イベント
❸設定タグ：［なし-手動設定したID］　**❹測定ID**：GA4の測定ID
❺イベント名：add_to_cart　**❻eコマースデータを送信**：有効
❼データソース：Data Layer　**❽トリガー**：GA4_ショッピングカート追加

06
より深く分析するために必要な設定

商品のショッピングカートからの削除を計測する

・データレイヤーの記述を追加する

　商品のショッピングカートからの削除を計測する場合は、カートのページに下記のデータレイヤーの記述を追加します。イベント名は「remove_from_cart」で、計測は商品がカートから削除されたタイミングで実行されます。なお、色文字の部分はそれぞれのWebサイトの内容に合わせて書き換えてください。（サンプルTHMLコードのダウンロード可能。P3参照）

```
// Measure the removal of a product from a shopping cart.
dataLayer.push({ ecommerce: null });  // Clear the previous
ecommerce object.
dataLayer.push({
  event: "remove_from_cart",
  ecommerce: {
    items: [{
      item_name: "Nomadic T-Shirt", // 商品名
      item_id: "60190", //商品ID
      price: 2000, //価格
      item_brand: "Google", //ブランド名
      item_category: "Apparel", //商品カテゴリ
      item_variant: "Black", //商品の色
      item_list_name: "Search Results",  //リスト名
      item_list_id: "SR123",  //リストID
      index: 1,  // 掲載順位
      quantity: 1 //個数
    }]
  }
});
```

より深く分析するために必要な設定

COLUMN

eコマースのデータはBigQueryにエクスポートしよう

　GA4で収集したデータは、最大でも14か月しか保持することができません。ECサイトから収集されたデータは、今後の経営方針を左右する重要なヒントが隠された宝の山です。みすみす消えてしまうのを見ていてはいけません。まずは、GA4とBigQueryを連携して、GA4のデータをBigQueryにエクスポートしましょう。BigQueryにデータをエクスポートすると、長期にわたってデータを保存できるだけでなく、集計前の生データを抽出することができ、GA4とは違った方法でデータを活用することが可能になります。なお、BigQueryについては、Section8-3を参照してください。

・タグマネージャーでの設定

　購入の計測（P.239）と同様の手順でトリガーを作成します。トリガー作成に必要な情報は次の通りです。

トリガーの作成

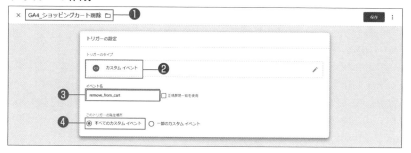

❶**トリガーの名前**：GA4_ショッピングカート削除
❷**トリガータイプ**：カスタムイベント　❸**イベント名**：remove_from_cart
❹**トリガーの発生場所**：すべてのカスタムイベント

タグの作成

　購入の計測（P.239）と同様の手順でトリガーを作成します。トリガー作成に必要な情報は次の通りです。

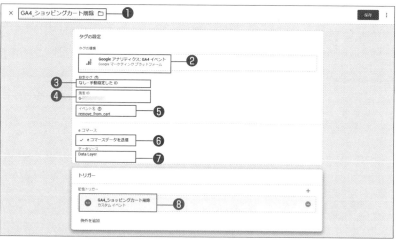

❶**タグの名前**：GA4_ショッピングカート削除
❷**タグの種類**：GoogleアナリティクスGA4イベント
❸**設定タグ**：［なし-手動設定したID］　❹**測定ID**：GA4の測定ID
❺**イベント名**：remove_from_cart　❻**eコマースデータを送信**：有効
❼**データソース**：Data Layer　❽**トリガー**：GA4_ショッピングカート削除

決済を測定する
・データレイヤーの記述を追加する

　決済を計測する場合は、決済プロセスの最初のページに下記のデータレイヤーの記述を追加します。イベント名は「begin_checkout」で、計測は決済が開始されたタイミングで実行されます。なお、色文字の部分はそれぞれのWebサイトの内容に合わせて書き換えてください。(サンプルTHMLコードのダウンロード可能。P3参照)

```
/**
 * A function to handle a click on a checkout button.
 */
function onCheckout() {
  dataLayer.push({ ecommerce: null });   // Clear the
previous ecommerce object.
  dataLayer.push({
    event: "begin_checkout",
    ecommerce: {
      items: [{
        item_name: "Nomadic T-Shirt", //商品名
        item_id: "67890", //商品ID
        price: 2000, //価格
        item_brand: "Studio Nomade", //ブランド名
        item_category: "Apparel", //商品カテゴリ1
        item_category2: "Mens", //商品カテゴリ2
        item_category3: "Shirts", //商品カテゴリ3
        item_category4: "Tshirts", //商品カテゴリ4
        item_variant: "Blue", //商品の色
        item_list_name: "Search Results", //リスト名
        item_list_id: "SR163", //リストID
        index: 1, //掲載順位
        quantity: 1 //個数
      }]
    }
  });
}
```

より深く分析するために必要な設定

・タグマネージャーでの設定

　購入の計測（P.239）と同様の手順でトリガーを作成します。トリガー作成に必要な情報は次の通りです。

トリガーの作成

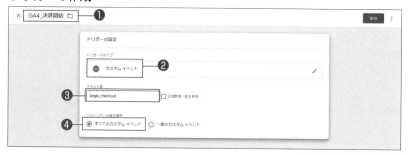

❶**トリガーの名前**：GA4_決済開始　❷**トリガータイプ**：カスタムイベント
❸**イベント名**：begin_checkou　❹**トリガーの発生場所**：すべてのカスタムイベント

　購入の計測（P.239）と同様の手順でタグを作成します。タグ作成に必要な情報は次の通りです。

タグの作成

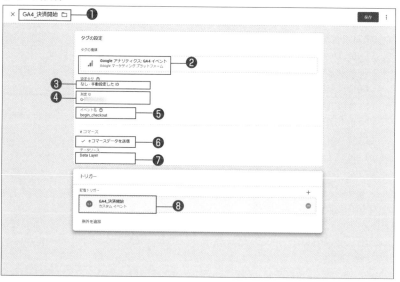

❶**タグの名前**：GA4_決済開始
❷**タグの種類**：Google アナリティクス GA4 イベント
❸**設定タグ**：［なし-手動設定した ID］　❹**測定 ID**：GA4 の測定 ID
❺**イベント名**：begin_checkout　❻**e コマースデータを送信**：有効
❼**データソース**：Data Layer　❽**トリガー**：GA4_決済開始

払い戻しを測定する
・データレイヤーの記述を追加する
　払い戻しを計測する場合は、払い戻し完了のページに下記のデータレイヤーの記述を追加します。イベント名は「refund」で、計測は決済が開始されたタイミングで実行されます。なお、色文字の部分はそれぞれのWebサイトの内容に合わせて書き換えてください。（サンプルTHMLコードのダウンロード可能。P3参照）

▼全額払い戻しする場合

```
// To refund an entire transaction, provide the transaction ID.
// This example assumes the details of the completed refund are
// available when the page loads:
dataLayer.push({ ecommerce: null });  // Clear the previous ecommerce object.
dataLayer.push({
  event: "refund",
  ecommerce: {
    transaction_id: "T12345" // Transaction ID. Required for purchases and refunds.
  }
});
```

▼一部払い戻しする場合

```
// To measure a partial refund, provide an array of productFieldObjects and
// specify the ID and quantity of each product to be returned. This example
// assumes the partial refund details are known at the time the page loads:
dataLayer.push({ ecommerce: null });  // Clear the previous ecommerce object.
dataLayer.push({
  event: "refund",
  ecommerce: {
    transaction_id: "T12345", // 決済ID
    items: [{
      item_name: "Nomadic T-Shirt", // 商品名
      item_id: "67890", // 商品ID.
```

```
        price: 2000, // 価格
        item_brand: "Studio Nomade", // ブランド名
        item_category: "Apparel", // 商品カテゴリ1
        item_category2: "Mens", // 商品カテゴリ2
        item_category3: "Shirts", // 商品カテゴリ3
        item_category4: "Tshirts", // 商品カテゴリ4
        item_variant: "Pink", // 商品の色
        item_list_name: "Search Results", // リスト名
        item_list_id: "SR173", // リストID
        index: 1, // 掲載順位
        quantity: 1 // 個数
      }]
  }
});
```

・タグマネージャーでの設定

　購入の計測（P.239）と同様の手順でトリガーを作成します。トリガー作成に必要な情報は次の通りです。

トリガーの作成

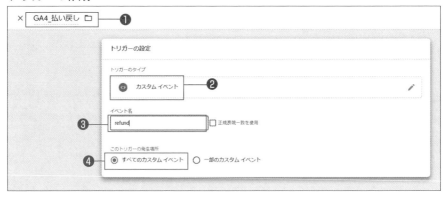

❶**トリガーの名前**：GA4_払い戻し
❷**トリガータイプ**：カスタムイベント
❸**イベント名**：refund
❹**トリガーの発生場所**：すべてのカスタムイベント

購入の計測（P.239）と同様の手順でタグを作成します。タグ作成に必要な情報は次の通りです。

タグの作成

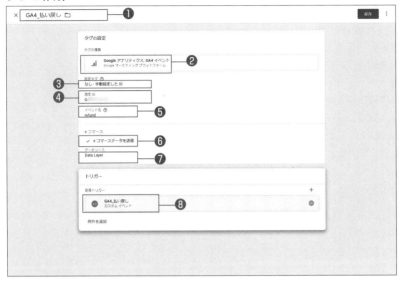

❶**タグの名前**：GA4_払い戻し
❷**タグの種類**：GoogleアナリティクスGA4イベント
❸**設定タグ**：[なし-手動設定したID]
❹**測定ID**：GA4の測定ID
❺**イベント名**：refund
❻**eコマースデータを送信**：有効
❼**データソース**：Data Layer
❽**トリガー**：GA4_払い戻し

商品リストの表示を測定する
・データレイヤーの記述を追加する

　商品リストの表示を計測する場合は、商品リストのページに下記のデータレイヤーの記述を追加します。イベント名は「view_item_list」で、商品リストが表示されたタイミングで実行されます。なお、色文字の部分はそれぞれのWebサイトの内容に合わせて書き換えてください。（次ページのサンプルTHMLコードのダウンロード可能。P3参照）

```
// Measure product views / impressions
dataLayer.push({ ecommerce: null });  // Clear the previous
ecommerce object.
dataLayer.push({
  event: "view_item_list",
  ecommerce: {
    items: [
      {
        item_name: "Nomadic T-Shirt", // 商品名
        item_id: "12345", // 商品ID
        price: 2000, // 価格
        item_brand: "Studio Nomade", // ブランド名
        item_category: "Apparel", // 商品カテゴリ1
        item_category2: "Mens", // 商品カテゴリ2
        item_category3: "Shirts", // 商品カテゴリ3
        item_category4: "Tshirts", // 商品カテゴリ4
        item_variant: "Red", // 商品の色
        item_list_name: "Search Results", // リスト名
        item_list_id: "SR126", // リストID
        index: 1, // 掲載順位
        quantity: 1 // 個数
      },
      {
        item_name: "Studio T-Shirt", // 商品名
        item_id: "67890", // 商品ID
        price: 2500, // 価格
        item_brand: "Studio Nomade", // ブランド名
        item_category: "Apparel", // 商品カテゴリ1
        item_category2: "Mens", // 商品カテゴリ2
        item_category3: "Shirts", // 商品カテゴリ3
        item_category4: "Tshirts", // 商品カテゴリ4
        item_variant: "Black", // 商品の色
        item_list_name: "Search Results", // リスト名
        item_list_id: "SR123", // リストID
        index: 2, // 掲載順位
        quantity: 1 // 個数
      }]
  }
});
```

・タグマネージャーでの設定

　購入の計測（P.239）と同様の手順でトリガーを作成します。トリガー作成に必要な情報は次の通りです。

トリガーの作成

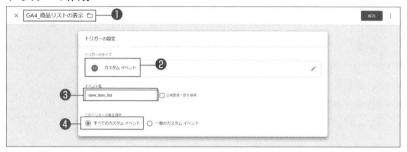

❶**トリガーの名前**：GA4_商品リストの表示　❷**トリガータイプ**：カスタムイベント
❸**イベント名**：view_item_list　❹**トリガーの発生場所**：すべてのカスタムイベント

　購入の計測（P.239）と同様の手順でタグを作成します。タグ作成に必要な情報は次の通りです。

タグの作成

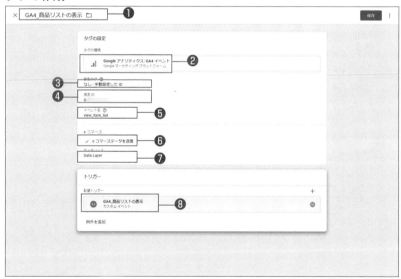

❶**タグの名前**：GA4_商品リストの表示
❷**タグの種類**：Google アナリティクス GA4 イベント
❸**設定タグ**：［なし-手動設定した ID］　❹**測定ID**：GA4 の測定ID
❺**イベント名**：view_item_list　❻**e コマースデータを送信**：有効
❼**データソース**：Data Layer　❽**トリガー**：GA4_商品リストの表示

商品クリックを測定する

・データレイヤーの記述を追加する

　商品リンクのクリックを計測する場合は、商品のページに下記のデータレイヤーの記述を追加します。イベント名は「select_item」で、商品のリンクがクリックされたタイミングで実行されます。なお、色文字の部分はそれぞれのWebサイトの内容に合わせて書き換えてください。（サンプルTHMLコードのダウンロード可能。P3参照）

```
/**
 * Call this function when a user clicks on a product link.
 * @param {Object} productObj An object that represents the
product that is clicked.
 */
function onProductClick(productObj) {
  dataLayer.push({ ecommerce: null });  // Clear the
previous ecommerce object.
  dataLayer.push({
    event: "select_item",
    ecommerce: {
      items: [{
        item_name: "Nomadic T-Shirt", // 商品名
        item_id: "12345", //商品ID
        item_brand: "Studio Nomade", //ブランド名
        item_category: "Apparel", //商品カテゴリ1
        item_category2: "Mens", //商品カテゴリ2
        item_category3: "Shirts", //商品カテゴリ3
        item_category4: "Tshirts", //商品カテゴリ4
        item_variant: "Black", //商品の色
        item_list_name: "Search Results", //リスト名
        item_list_id: "SR126", //リストID
        index: 1, //掲載順位
        quantity: 1, //個数
        price: 2000, //価格
      }]
    }
  });
}
```

・タグマネージャーでの設定

購入の計測（P.239）と同様の手順でタグを作成します。タグ作成に必要な情報は次の通りです。

トリガーの作成

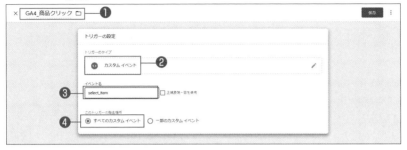

❶**トリガーの名前**：GA4_商品クリック　❷**トリガータイプ**：カスタムイベント
❸**イベント名**：select_item　❹**トリガーの発生場所**：すべてのカスタムイベント

　購入の計測（P.239）と同様の手順でタグを作成します。タグ作成に必要な情報は次の通りです。

タグの作成

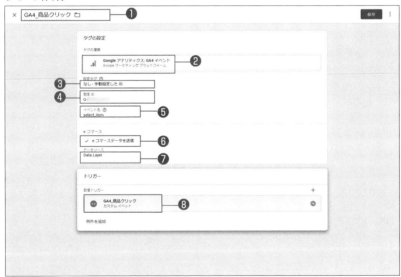

❶**タグの名前**：GA4_商品クリック
❷**タグの種類**：GoogleアナリティクスGA4イベント
❸**設定タグ**：［なし-手動設定したID］　❹**測定ID**：GA4の測定ID
❺**イベント名**：select_item　❻**eコマースデータを送信**：有効
❼**データソース**：Data Layer　❽**トリガー**：GA4_商品クリック

プロモーションの表示を測定する

・データレイヤーの記述を追加する

　プロモーションの表示を計測する場合は、プロモーションで商品が表示されるページに下記のデータレイヤーの記述を追加します。イベント名は「view_promotion」で、プロモーションが表示されたタイミングで実行されます。なお、色文字の部分はそれぞれのWebサイトの内容に合わせて書き換えてください。（サンプルTHMLコードのダウンロード可能。P3参照）

```
// Measure promotion views. This example assumes that
information about the
// promotions displayed is available when the page loads.
dataLayer.push({ ecommerce: null });  // Clear the previous
ecommerce object.
dataLayer.push({
  event: "view_promotion",
  ecommerce: {
    items: [{
      item_name: "Nomadic T-Shirt", //商品名
      item_id: "12345", //商品ID
      price: 2000, //価格
      item_brand: "Studio Nomade", //ブランド名
      item_category: "Apparel", //商品カテゴリ1
      item_category2: "Mens", //商品カテゴリ2
      item_category3: "Shirts", //商品カテゴリ3
      item_category4: "Tshirts", //商品カテゴリ4
      item_variant: "Red", //商品の色
      promotion_id: "abc123", //プロモーションID
      promotion_name: "summer_promo", //プロモーション名
      creative_name: "instore_suummer", //クリエイティブ名
      creative_slot: "1", //クリエイティブ番号
      location_id: "hero_banner", //掲載位置
      index: 1, //掲載順位
      quantity: 1 //個数
    }]
  }
});
```

・タグマネージャーでの設定

　購入の計測（P.239）と同様の手順でトリガーを作成します。トリガー作成に必要な情報は次の通りです。

トリガーの作成

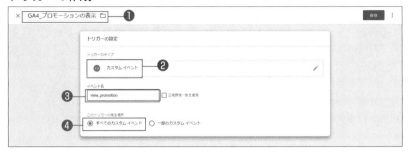

❶**トリガーの名前**：GA4_プロモーションの表示
❷**トリガータイプ**：カスタムイベント
❸**イベント名**：view_promotion
❹**トリガーの発生場所**：すべてのカスタムイベント

　購入の計測（P.239）と同様の手順でタグを作成します。タグ作成に必要な情報は次の通りです。

タグの作成

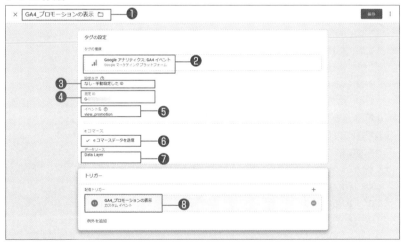

❶**タグの名前**：GA4_プロモーションの表示
❷**タグの種類**：GoogleアナリティクスGA4イベント
❸**設定タグ**：［なし-手動設定したID］　❹**測定ID**：GA4の測定ID
❺**イベント名**：view_promotion　❻**eコマースデータを送信**：有効
❼**データソース**：Data Layer　❽**トリガー**：GA4_プロモーションの表示

プロモーションの商品クリックを測定する

・データレイヤーの記述を追加する

プロモーションの商品クリックを計測する場合は、プロモーションページに下記のデータレイヤーの記述を追加します。イベント名は「select_promotion」で、プロモーションページで商品がクリックされたタイミングで実行されます。なお、色文字の部分はそれぞれのWebサイトの内容に合わせて書き換えてください。（サンプルTHMLコードのダウンロード可能。P3参照）

```
/**
 * Call this function when a user clicks on a promotion.
 * @param {Object} promoObj An object that represents an
internal site promotion.
 */
function onPromoClick(promoObj) {
  dataLayer.push({ ecommerce: null });  // Clear the
previous ecommerce object.
  dataLayer.push({
    event: "select_promotion",
    ecommerce: {
      items: [{
        item_name: "Nomadic T-Shirt", //商品名
        item_id: "12345", //商品ID
        item_brand: "Studio Nomade", //ブランド名
        item_category: "Apparel", //商品カテゴリ1
        item_category2: "Mens", //商品カテゴリ2
        item_category3: "Shirts", //商品カテゴリ3
        item_category4: "Tshirts", //商品カテゴリ4
        item_variant: "Red", //商品の色
        promotion_id: "abc123", //プロモーションID
        promotion_name: "summer_promo", //プロモーション名
        creative_name: "instore_suummer", //クリエイティブ名
        creative_slot: "1", //クリエイティブ番号
        location_id: "hero_banner", //掲載位置
        index: 1, //掲載順位
        quantity: 1, //個数
        price: 2000, //価格
      }]
    }
  });
}
```

より深く分析するために必要な設定

・タグマネージャーでの設定

　購入の計測（P.239）と同様の手順でトリガーを作成します。トリガー作成に必要な情報は次の通りです。

トリガーの作成

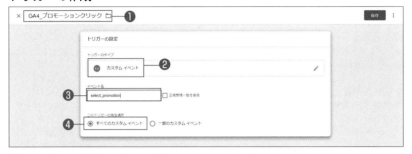

❶**トリガーの名前**：GA4_プロモーションクリック

❷**トリガータイプ**：カスタムイベント

❸**イベント名**：select_promotion　❹**トリガーの発生場所**：すべてのカスタムイベント

　購入の計測（P.239）と同様の手順でタグを作成します。タグ作成に必要な情報は次の通りです。

タグの作成

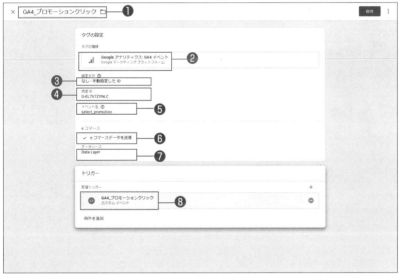

❶**タグの名前**：GA4_プロモーションクリック

❷**タグの種類**：GoogleアナリティクスGA4イベント

❸**設定タグ**：［なし-手動設定したID］　❹**測定ID**：GA4の測定ID

❺**イベント名**：select_promotion　❻**eコマースデータを送信**：有効

❼**データソース**：Data Layer　❽**トリガー**：GA4_プロモーションクリック

GA4とeコマースの相性がいい理由

　GA4は、ユーザーの行動をより詳細に分析できる新しいアナリティクスツールです。GA4は、従来のUAとは異なるデータモデルを採用しているため、eコマースサイトの分析に最適なサービスです。

　GA4では、ユーザーの行動をより細かく追跡することができます。例えば、ユーザーがどのページからサイトに訪れて、どのページを閲覧し、どの商品をカートに追加したかなど、従来のUAでは追跡できなかったデータも追跡することができます。

また、GA4では、ユーザーの行動をよりタイムリーに分析することができます。UAでは、データが蓄積されてから数時間後にレポートが更新されていましたが、GA4では、データがリアルタイムで更新されるため、ユーザーの行動をよりタイムリーに分析することができます。

　これらの特徴から、GA4はeコマースサイトの分析に最適なツールと言えます。GA4を活用することで、ユーザーの行動をより詳細に分析し、より効果的なマーケティング戦略を立てることができます。

　GA4のeコマース分析でできることは、次のとおりです。

●ユーザーの行動を詳細に追跡する
●ユーザーの行動をタイムリーに分析する
●ユーザーの行動に基づいてマーケティング戦略を立てる
●ユーザーの行動に基づいてサイトの改善を行う

　以上のようにeコマースとGA4の相性は、切っても切れないほど高いものです。これからeコマースを手掛けてみようと考えているユーザーにとって、GA4をしっかりと学ぶことが非常に大切になります。

日本国内におけるeコマースの大手サイトは次の通りです。

▼amazonジャパン

▼楽天市場

CHAPTER 07

［探索］レポートでオリジナルレポートを作ろう

［標準］レポートには、多様なレポートが用意されていますが、業務にフィットしないレポートもあるでしょう。より柔軟にディメンションと指標、セグメントを組み合わせて業務のニーズに合ったレポートが必要な場合には、［探索］レポートを利用しましょう。白紙のレポートに自由にデータを表示させたり、用意されたテンプレートを基にレポートを作成したりすることもできます。

7-1 ［探索］レポートの基本を覚えよう

［探索］レポートは、「自由にレポートを作成できる」のですが、どこからどう手を付ければいいのかわからないユーザーも多いと思います。まずは、［探索］レポートがどのような機能なのか、どんなことができるのか、確認するところからはじめましょう。

［探索］レポートは分析するための機能

　UA では、データの確認と分析の切り分けがあいまいでした。データを並べ替えたり、セカンダリディメンションを追加したりするだけで分析できているような気分になります。しかし、それは現状を確認しているだけにすぎません。

　GA4では、データの確認は［標準］レポートで、分析は［探索］レポートでできるように、きっちりと切り分けられています。その分、［探索］レポートでは、ディメンションと指標を自由に組み合わせたり、セグメントや日付などでデータを絞り込んだりして、イメージ通りのレポートを作成し分析可能です。また、「経路データ探索」や「コホートデータ探索」など、特定の分析手法に特化した7種類のテンプレートが用意されています。まずは、［探索］レポートの構成や機能、しくみなどを確認してみましょう。

▼［目標到達プロセス探索］レポート

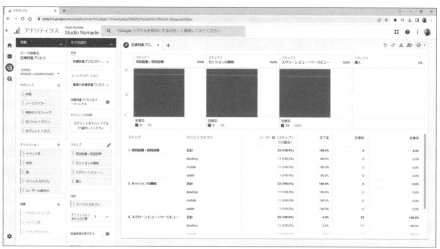

分析の目的を決めてからはじめよう

　[探索]レポートでは、ディメンションや指標を自由に組み合わせることができ、柔軟にデータを絞り込むことができます。それだけに目的がはっきりしないと、適切なレポートを作成できません。「何のために」、「どんなデータを分析したい」のか明確にすれば、必要なディメンションや指標などが決まってきます。

7種類のテンプレートについて確認しよう
❶[自由形式]レポート

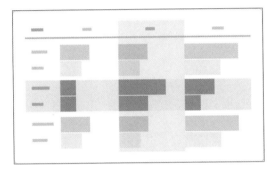

　[自由形式]レポートは、ディメンションと指標を自由に組み合わせてクロス集計表形式のレポートを作成できる機能です。「参照元別新規ユーザー数」など、数値に隠れている様々なパターンや傾向を確認するのが得意な解析手法といえます。このレポートでは、クロス集計表の他に「ドーナツグラフ」、「折れ線グラフ」、「散布図」、「棒グラフ」、「地図」の5種類の表示方法が用意されています。

❷[目標到達プロセス探索]レポート

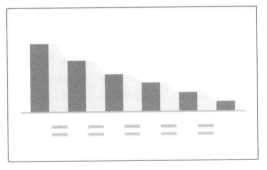

　[目標到達プロセス探索]レポートは、コンバージョンに至るステップをページやイベント単位で表示するファネルレポートです。最大10ステップまでを表示ができ、どのステップでの離脱が多いかを可視化することができます。このレポートを利用することで、コンバージョンに至るユーザーの流れを把握し、コンテンツや構成の改善点を見つけ出すことに役立ちます。

❸［経路データ探索］レポート

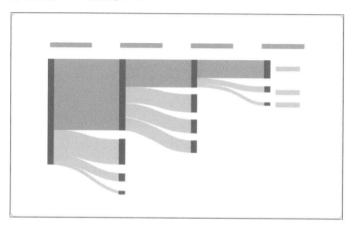

　［経路データ探索］レポートは、Webサイト内をユーザーがたどった遷移をツリーフローで表示できる機能です。「どのページに」、「どれだけのユーザーが」、「どういった経路をたどって」移動しているのかをひと目で把握することができます。また、終点を中心にフローを生じさせることができ、「どのように遷移してこのページにたどり着いたか」という視点で分析することも可能です。ユーザーの動きを客観的に把握して、コンテンツの弱点や修正点を見つけてみましょう。

❹［セグメント重複］レポート

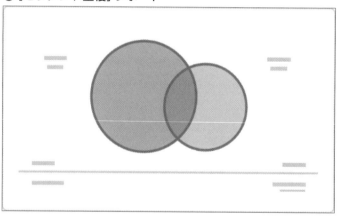

　［セグメント重複］レポートは、ユーザーやセッション、イベントなどのデータをセグメントで分類し、セグメントを円で表してその重なる範囲でデータの関係性を確認できる機能です。ユーザーやデバイスの属性を［セグメント重複］レポートで表すことで、ユーザーの特徴、傾向などを可視化することができます。さまざまなセグメントを組み合わせて、いろいろな角度からデータの特徴を確認してみましょう。

❺ ［ユーザーエクスプローラー］レポート

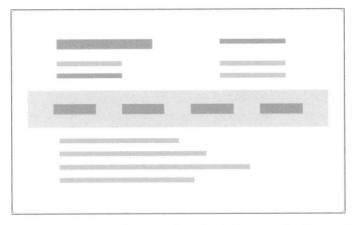

　［ユーザーエクスプローラー］レポートは、ユーザーID、アプリインスタンスID
などユーザー単位で、閲覧したWebページやイベントをタイムライン形式で確認
できる機能です。ユーザーIDごとにイベント数やセッション数、購入による収益
といったデータを確認し、気になるユーザーのIDをクリックすると、そのユー
ザーのイベントを時系列で確認することができます。WebサイトやアプリでEで、
ユーザーがどのように行動するのか、個別に確認することで、ユーザーの視線で
コンテンツを見直すことができます。

❻ ［コホートデータ探索］レポート

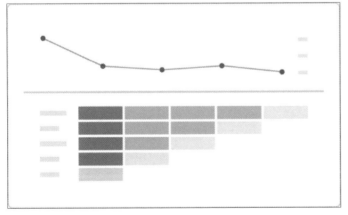

　［コホートデータ探索］レポートでは、「先週訪問したユーザー」というように、
ユーザーを同じ属性でグループ化し、そのグループのユーザーによる再訪問の経
過を確認できる機能です。新規ユーザー獲得キャンペーンの後、リピーターを確
認・追跡したり、リピーターに定着してもらうためのキャンペーンを企画したり
するなど、さまざまな対策、戦略に役立てることができます。

❼ [ユーザーのライフタイム] レポート

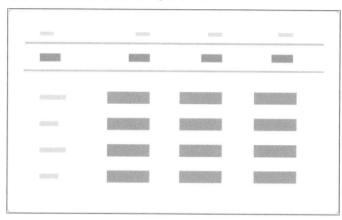

　[ユーザーのライフタイム] レポートでは、Web サイトやアプリへの最初の訪問から現在に至るまでのトータルの行動を分析して、顧客としての利用期間内における評価を確認できます。価値が高いとされるユーザーを獲得している有効なキャンペーンを確認したり、最も高いライフタイム収益をもたらした参照元 / メディアを示したりすることができます。ユーザーのライフタイムを確認し、有効なキャンペーンを企画してみましょう。

COLUMN

セグメントとは

　「セグメント」とは、レポートの中から特定の項目やデータなどを条件として、その条件に合ったデータのみを抽出する機能です。例えば、セグメントに [東京] を設定すると、レポート全体から東京のデータだけが抽出され表示されます。[探索] レポートでは、データをどのように切り出すのかが重要なポイントとなります。セグメントを使いこなして、必要なデータを抽出してみましょう。なお、セグメントについては、Section7-9 で詳しく解説しています。

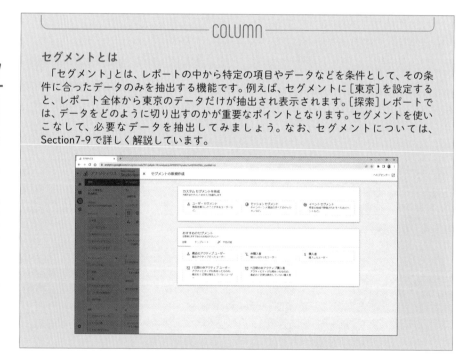

[探索] レポートの基本的な画面構成

　[探索] レポートの画面は、大きく分けて [変数] パネルと [タブの設定] パネル、「キャンバス」の3つのパーツから構成されています。[変数] パネルでは、レポートに表示したいディメンションや指標、セグメントなどを準備し、[タブの設定] パネルではデータの表示方法を指定して、[キャンバス] で選択したデータを指定した方法で表示します。

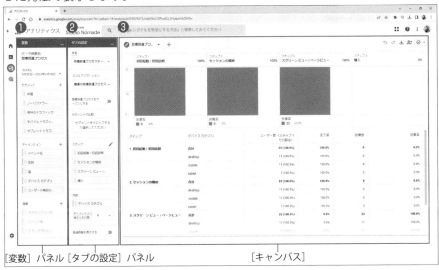

[変数] パネル　[タブの設定] パネル　　　　　　　　　　[キャンバス]

❶ **[変数] パネル**：[キャンバス] に表示するディメンションや指標、セグメントを準備します。

❷ **[タグの設定] パネル**：[キャンバス] に表示するデータと表示方法を設定します。

❸ **[キャンバス]**：[タグの設定] パネルに設定されたデータを表示します。

― COLUMN ―

パネルの表示／非表示を切り替える

　[変数] パネルと [タブの設定] パネルは、非表示にすることができます。パネルを非表示にするには、パネル名の右にある [−] のアイコンをクリックします。また、パネルを再表示したいときには、画面下部に表示されるパネルが最小化された画面で同様に [−] のアイコンをクリックします。

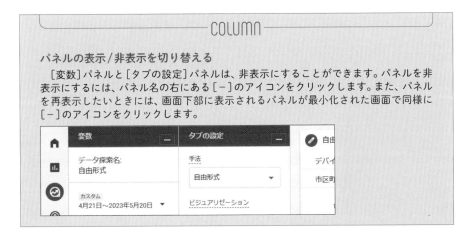

[変数] パネル

　[変数] パネルでは、レポートに使用するセグメントやディメンション、指標を登録します。なお、このパネルでは利用するデータ項目を準備するだけで、実際にレポートには反映されません。データをレポートに表示させるには、[変数] パネルで準備したディメンションと指標、セグメントを [タグの設定] パネルに設定します。

❶ [データ探索名]：初期設定のテキストを編集してレポートに名前を付けられます。

　カレンダー：レポートに表示するデータの期間を指定します。

❷ [セグメント]：レポートに表示するセグメントを登録します。

❸ [ディメンション]：レポートに表示するディメンションを登録します。

❹ [指標]：レポートに表示する指標を登録します。

[タグの設定] パネル

　[タグの設定]パネルでは、レポートに実際に表示させるディメンションや指標、セグメントと表示方法を設定します。[変数]パネルに用意されたディメンションや指標、セグメントの項目を[タグの設定]パネルにドラッグ＆ドロップで設定し、表示形式を選択したり、フィルタを設定したりして表示方法を指定します。なお、[タグの設定]パネルの内容は、選択されたレポートの種類によって異なります。

❶ **[手法]**：レポートのテンプレートを選択できます。

❷ **[ビジュアリゼーション]**：[ドーナツグラフ]や[折れ線グラフ]など、[キャンバス]での表示形式を選択できます。

❸ **[セグメントの比較]**：セグメントで表示しているデータを絞り込みます。

❹ **[行]**：レポートの行に表示するディメンションを追加できます。複数指定することができ、順番はドラッグ＆ドロップで入れ替えます。

❺ **[最初の行]**：表示を開始する行数を指定します。

❻ **[表示する行]**：表に表示する行数を10、25、50、100、250、500から指定します。

❼ **[ネストされた行数]**：複数のディメンションを設定している場合に、「Yes」または「No」を選択します。

❽ **[列]**：レポートの列に表示するディメンションを追加できます。複数指定することができ、順番はドラッグ＆ドロップで入れ替えます。

❾ **[最初の列グループ]**：表示を開始する列数を指定します。

❿ **[表示する列グループ数]**：表示する列グループ数を5、10、15、20から選択できます。

⓫ **[値]**：レポートに表示する指標を追加します。複数指定することができ、順番はドラッグ＆ドロップで入れ替えます。

⓬ **[セルタイプ]**：レポートのセルの見せ方を[棒グラフ]、[書式なしテキスト]、[ヒートマップ]の3種類から選択します。

⓭ **[フィルタ]**：レポートの項目を絞り込めるフィルタを設定します。

7-2 ［自由形式］レポートで基本操作を覚えよう

［探索］レポートでレポートを作成するなら、まず［自由形式］レポートを使ってみましょう。［自由形式］レポートでは、ディメンションや指標、セグメントを組み合わせて自由にレポートを作成できます。その感覚を身に付ければ、他のレポートにも応用できます。

［自由形式］レポートとは

　［自由形式］レポートは、ディメンションと指標、セグメントを組み合わせて、自由にレポートを作成できる機能です。［標準］レポートにはない項目の組み合わせが可能で、業務や目的に合った、自由度の高いレポートを作成することができます。また、クロス集計表を含め、ドーナツグラフや折れ線グラフ、地図など6種類の表示形式が用意されています。まずは［自由形式］レポートを操作して、［探索］レポートを作成する感覚を身につけましょう。

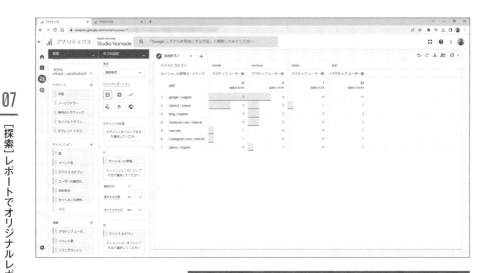

ディメンションや指標を組み合わせて思い通りのレポートを作成できます

❶ドーナツグラフ

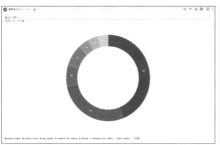

全体における比率を表示します

❷折れ線グラフ

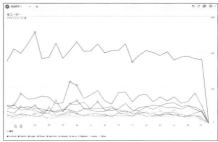

データの推移を折れ線で表示します

❸分布グラフ

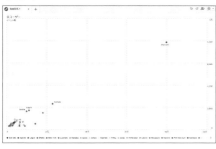

指標同士の関連性をデータの分布で表示します

❹棒グラフ

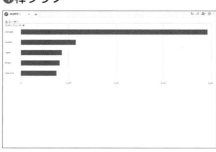

単一の指標のデータを棒の長さで比較します

❺地図

データの分布と大きさを地図上に円のサイズで表示します

［自由形式］レポート作成の流れ

　［自由形式］レポートは、セグメント、ディメンション、指標を組み合わせて作成します。そのためには、まずレポートに表示するセグメント、ディメンション、指標を［変数］パネルに登録します。それから、［タグの設定］パネルでそれらの配置方法と表示形式を指定します。次の図では、セグメントを赤、ディメンションを緑、指標を青で色分けしています。［自由形式］レポート作成の流れをイメージしてみましょう。

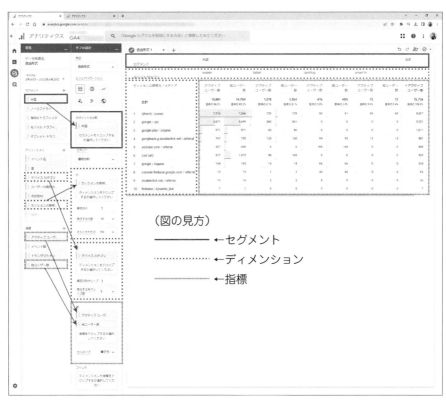

（図の見方）

───── ←セグメント

・・・・・・・・ ←ディメンション

‥‥‥‥‥ ←指標

▲ディメンション「参照元／メディア別デバイスカテゴリごと」の指標「アクティブユーザー数と総ユーザー数」の表をセグメント「米国」で絞り込んでいます

[自由形式] レポートを作成しよう

① [自由形式] レポートの作成画面を表示する

左のメニューで [探索] をクリックし、表示される画面で [自由形式] をクリックします。

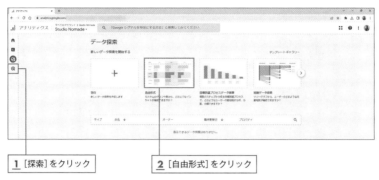

| 1 [探索] をクリック | 2 [自由形式] をクリック |

② ディメンションの選択画面を表示する

[タブの設定] パネルの [ビジュアリゼーション] で、[テーブル] のアイコンをクリックし、表形式のレポートを選択します。[変数] パネルの [ディメンション] にある [+] をクリックします。

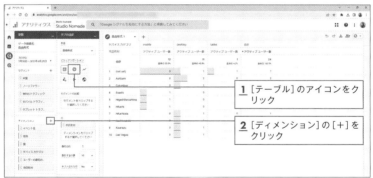

1 [テーブル] のアイコンをクリック

2 [ディメンション] の [+] をクリック

COLUMN

項目を追加する場合は [+] をクリックしよう

[変数] パネルの [ディメンション] や [セグメント]、[指標] には、[+] のアイコンが表示されています。項目を追加したいときは、[+] のアイコンをクリックすると、リストが表示されるので必要な項目をオンにし、[インポート] をクリックします。

③ ディメンションを選択する

ディメンションとして表示する項目(ここでは[セッションの参照元/メディア])をオンにし、[インポート]をクリックします。

1 目的の項目をオンにする

2 [インポート]をクリック

④ ディメンションを表の行に配置する

追加された項目を[タグの設定]パネルの[行]にドラッグします。なお、ここでは[セクションの参照]をドラッグします。

1 項目を[行]にドラッグ

COLUMN

[行]のオプション機能

[行]のブロックには、[最初の行]、[表示する行数]、[ネストされた行数]というオプションが用意されています。それぞれの機能は次の通りです。
- **[最初の行]**:行を何行目から表示するかを指定できます。初期設定は「1」です。
- **[表示する行数]**:レポートに表示する行数を10、25、50、100、250、500から選択できます。
- **[ネストされた行数]**:複数のディメンションが設定されている場合に、行をネストするかどうかを「Yes」または「No」で設定します。

不要な項目を削除する

(5)

初期設定で [行] に表示されていたディメンションにマウスポインタを合わせると [×] が表示されるのでクリックし、その項目を削除します。[列] のディメンションは、初期設定の [デバイスカテゴリ] をそのまま表示します。

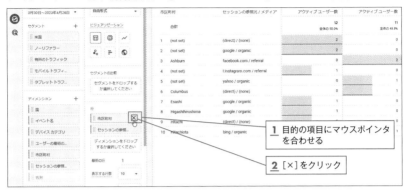

1 目的の項目にマウスポインタを合わせる

2 [×]をクリック

── COLUMN ──

ディメンションの[行]と[列]

ディメンションを設定するブロックには[行]と[列]があります。[行]には、表の行として使用するディメンションを設定し、[列]には表の列として使用するディメンションを設定します。ディメンションを[行]と[列]のどちらに設定するかによってデータの見え方が変わってきます。さまざまな組み合わせでデータの切り口を変えて、適切な分析をしましょう。

指標の選択画面を表示する

(6)

[変数]パネルの[指標]にある[+]をクリックします。

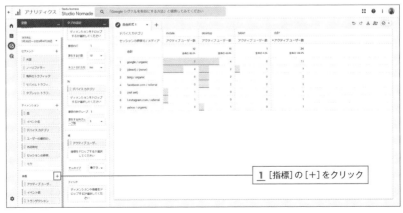

1 [指標]の[+]をクリック

⑦ 指標を選択する

目的の項目（ここでは［新規ユーザー数］）をオンにし、［インポート］をクリックします。

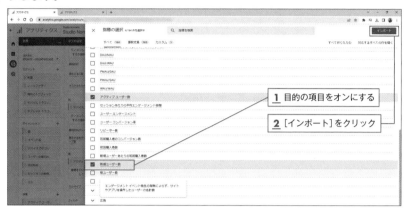

1 目的の項目をオンにする

2 ［インポート］をクリック

⑧ 指標を配置する

追加された項目を［タグの設定］パネルの［値］にドラッグします。なお、ここでは［新規ユーザー数］をドラッグします。

1 1項目を［値］にドラッグ

---------------------- COLUMN ----------------------

レポートを再度利用する

　作成したレポートは自動的に保存され、左のメニューで［探索］をクリックすると表示される画面のリストに表示されます。再度レポートを利用する場合は、リストから目的のレポートをクリックします。

セルタイプのメニューを表示する

9

ディメンションと指標が設定され、[キャンバス] にクロス集計表のレポート
が表示されます。[タグの設定] パネルの [セルタイプ] のプルダウンメニュー
をクリックします。

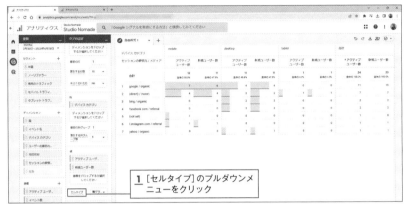

1 [セルタイプ] のプルダウンメ
ニューをクリック

セルタイプの書式を変更する

10

[書式なしテキスト] を選択し、セル内の棒グラフを非表示にします。なお、
初期設定では、[棒グラフ] が設定されています。

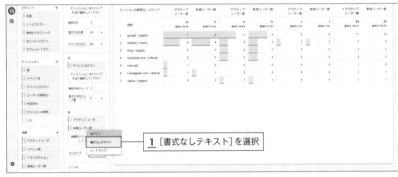

1 [書式なしテキスト] を選択

07

[探索] レポートでオリジナルレポートを作ろう

--- COLUMN ---

セルタイプを変更する

「セルタイプ」は、表のセルの表示方法で、[棒グラフ]、[書式なしテキスト]、[ヒート
マップ] の3種類から選択できます。初期設定では [棒グラフ] に設定されていて、セル
内に数値と棒グラフが表示されています。[書式なしテキスト] はデータのみで、[ヒー
トマップ] は色の濃淡でデータの大きさを表示します。

11 ［自由形式］レポートが完成した

— COLUMN —

クロス集計を使いこなそう

　［自由形式］レポートでは、行と列に表の軸となるディメンションを設定し、ディメンションごとに確認したい指標（値）を指定してクロス集計表を作成します。例えば、市区町村別でデバイスカテゴリ別の新規ユーザー数を確認する場合は、行のディメンションに［市区町村］、列のディメンションに［デバイスカテゴリ］、指標に［新規ユーザー数］を指定します。なお、GA4では行のディメンションは2つまで、列のディメンションは5つまで設定することができます。

— COLUMN —

［自由形式］レポートでの主な分析

　［自由形式］レポートは、ディメンションと指標を自由に組み合わせられるため、そのレポートの種類は膨大なものとなって、戸惑うユーザーも多いことでしょう。しかし、使用頻度の高いレポートの組み合わせを知っておけば、自由度の高い大変便利なレポート形式となります。

レポート	内容	ディメンション	指標
流入元レポート	流入元別にユーザー数やエンゲージメント率を確認し価値の高い流入元を確認します。	セッションの参照元セッションの参照元/メディア	アクティブユーザー数セッションエンゲージメント率　他
ランディングページレポート	ランディングページ別にユーザー数やエンゲージメント率を確認し、ユーザーがWebサイトに求めているものを確認します。	ランディングページ+クエリ文字列	アクティブユーザー数セッションエンゲージメント率　他
コンバージョンレポート	コンバージョン別のユーザー数やユーザーあたりのイベント数を確認できます。	イベント名（フィルタ：コンバージョンイベント=true）	アクティブユーザー数コンバージョンユーザーあたりのイベント数　他
ページ閲覧レポート	ページ別の表示回数や閲覧開始数、ユーザーあたりのビューなどのデータを表示し、価値の高いページや離脱の多いページを確認します。	ページタイトルとスクリーン名	表示回数閲覧開始数離脱数　他

07

［探索］レポートでオリジナルレポートを作ろう

282

SECTION

7-3

コンバージョンに至る 過程を可視化しよう

［目標到達プロセス探索］レポート

購入に至るまでの問題点を洗い出したいときは、［目標到達プロセス探索］レポートを利用しましょう。［目標到達プロセス探索］レポートでは、ユーザーがコンバージョンに至るまでのステップを可視化することができます。

［目標達成プロセスデータ探索］レポートとは

　［目標達成プロセスデータ探索］レポートは、コンバージョンに至るまでのステップを可視化し、ステップの通過率などを確認することができます。最もユーザーが離脱したステップを確認し、その問題点を洗い出したり、修正方法を考え出したりすることができます。ステップには、Webページだけでなくイベント名やイベントパラメータも条件として登録することができます。

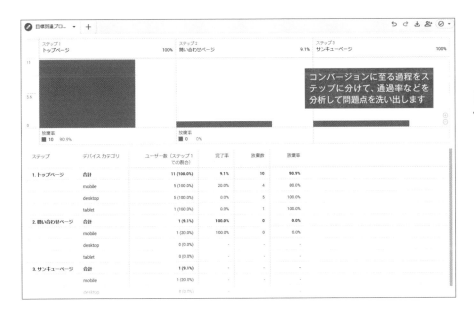

何をステップとして登録するか検討が必要

　ECサイトの運営では、購入に至るまでの過程をステップとして登録し、各ステップでのデータを確認することは大変重要な業務になります。それだけにステップとして登録する対象は、慎重に検討する必要があります。なお、ステップは10個まで登録できますが、ステップは3〜5個程度に抑えて、見やすいレポートを作りましょう。

［目標達成プロセスデータ探索］レポートを作成しよう

　ここでは、問い合わせ送信完了の際に表示される「サンキューページ」に至る過程をステップをとして登録し、レポートを作成します。

① 新しいレポートを作成する

　［探索］をクリックし、［データ探索］画面を表示し、［空白］をクリックします。

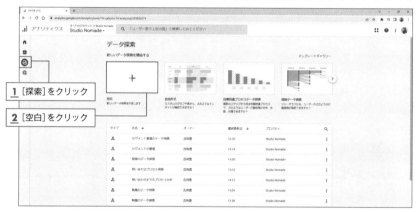

1 ［探索］をクリック

2 ［空白］をクリック

② レポートの手法一覧を表示する

　レポート名を入力し、［手法］のプルダウンメニューをクリックしてメニューを表示します。

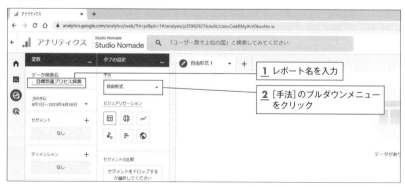

1 レポート名を入力

2 ［手法］のプルダウンメニューをクリック

③ レポートの種類に［目標到達プロセスデータ探索］を選択する

［目標到達プロセスデータ探索］を選択します。

1 ［目標達成プロセスデータ探索］を選択

④ ステップの編集画面を表示する

［タブの設定］パネルにある［ステップ］の✐をクリックして、［目標到達プロセスのステップの編集］画面を表示します。

1 ✐をクリック

⑤ 条件の選択画面を表示する

ステップ名を入力し、［新しい条件を追加］をクリックします。

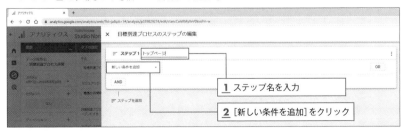

1 ステップ名を入力

2 ［新しい条件を追加］をクリック

07

［探索］レポートでオリジナルレポートを作ろう

285

6 条件を選択する

[ページ/スクリーン]をクリックし[ページパス＋クエリ文字列]を選択します。

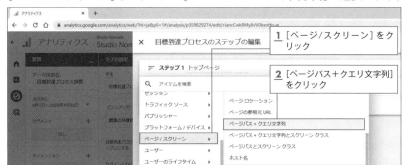

1 [ページ/スクリーン]をクリック

2 [ページパス＋クエリ文字列]をクリック

7 フィルタの設定画面を表示する

[フィルタを追加]をクリックし、フィルタの選択画面を表示します。

1 [フィルタを追加]をクリック

8 ステップ1の条件を登録する

上のテキストボックスをクリックして、[完全一致（=）]を選択し、下のテキストボックスをクリックして、対象のWebページに[/]を選択します。[適用]をクリックして条件を登録します。

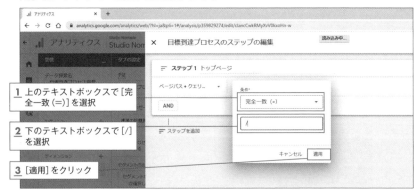

1 上のテキストボックスで[完全一致（=）]を選択

2 下のテキストボックスで[/]を選択

3 [適用]をクリック

ステップを追加する

9

[ステップを追加]をクリックしてステップを追加します。

1 [ステップを追加]をクリック

ステップ2の条件を設定する

10

ステップ1と同様にディメンションに[ページパス＋クエリ文字列]を選択し、条件に[完全一致（=）]と[/contact/]を選択して[適用]をクリックします。

1 [ページパス＋クエリ]を選択

2 [完全一致（=）]と[/contact/]を選択

3 [適用]をクリック

ステップ3の条件を設定する

11

ステップ1と同様にディメンションに[ページパス＋クエリ文字列]を選択し、条件に[完全一致（=）]と[/Thankyou/]を選択して[適用]をクリックします。

1 [ページパス＋クエリ文字列]を選択

2 [完全一致（=）]と[/Thankyou/]を選択

3 [適用]をクリック

07

［探索］レポートでオリジナルレポートを作ろう

12 ステップを作成する

画面右上の［適用］をクリックして、3つのステップを登録します。

1［適用］をクリック

13 ディメンションの選択画面を表示する

ステップが作成され、レポートに反映されます。［変数］パネルにある［ディメンション］の［+］をクリックします。

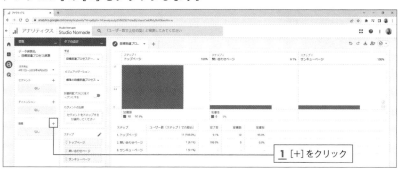

1［+］をクリック

14 Googleマーケティングプラットフォーム

Webブラウザで、Googleマーケティングプラットフォームのページを開き、［さっそく始める］をクリックします。

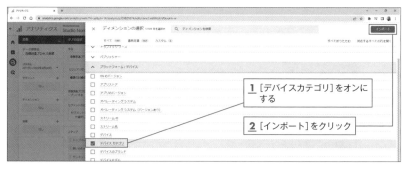

1［デバイスカテゴリ］をオンにする

2［インポート］をクリック

ユーザーをデバイスカテゴリ別に表示する

[ディメンション]に[デバイスカテゴリ]が表示されるので、[内訳]までド
ラッグします。

1 [デバイスカテゴリ]を[内訳]
までドラッグ

COLUMN

直接的ステップと間接的ステップ

　2つ目以降のステップには、「直接的ステップ」または「間接的ステップ」のいずれか
を設定します。「直接的ステップ」は、直前のステップの直後のアクションがそのステッ
プの条件に満たす場合に計測されるステップです。「間接的ステップ」は、直前のステッ
プの後に他のアクションを挟んでいても、最終的にそのステップの条件を満たしていれ
ば計測されるステップです。間接的ステップには、直前のステップの条件を満たしてか
ら、そのステップの条件を満たすまでの期間に制限を付けることもできます。なお、ス
テップを追加する際、初期設定では間接的ステップが選択されていて、多くの場合間接
的ステップのままにします。直接的ステップと間接的ステップを切り替えるには、次の
ように操作します。

1 濃いグレーの帯の中央に表示されている[▼]をクリックし、[次の間接的
ステップ]または[次の直接的ステップ]のいずれかを選択します

2 期間を制限する場合は[次の期間内]をオンにし、日、時、分、秒の単位を
選択して、数値を入力します。

16 レポートが完成した

ディメンションが反映され各ページのユーザーがデバイスカテゴリ別に表示
されます。

COLUMN

内訳ディメンションを設定しよう

[目標到達プロセス探索]レポートで、各ステップを○○別でデータを確認したいとい
うときには、[タグの設定]パネルにある[内訳]に目的のディメンションを指定し、ディ
メンションあたりの行数を設定します。例えば、各ステップのデータをデバイスカテゴ
リ別で確認したい場合は、[内訳]にディメンションの[デバイスカテゴリ]を設定しま
す。[内訳]にディメンションを設定すると、データがより具体化され、イメージがつか
みやすくなります。

———————————— COLUMN ————————————

目標到達プロセスをオープンにする

［目標到達プロセスデータ探索］レポートでは、ステップ1の条件を満たしたデータだけがステップ2、ステップ3へと進めます。しかし、実際にはステップ1を満たさなくても、ステップ2の条件を満たし、ステップ3へ、さらにコンバージョンに到達する場合もあります。途中から合流したデータがどれくらいあるのか確認したい場合は、［タグの設定］パネルにある［目標到達プロセスをオープンにする］をオンにします。棒グラフには、ステップ2以降に途中から新規エントリしたデータが上積みされ、グラフにマウスポインタを合わせると継続と新規エントリのユーザー数が表示されます。

▲［目標到達プロセスをオープンにする］がオフの場合は、ステップ1からステップ2、3へ遷移したユーザーが表示されます

▲［目標到達プロセスをオープンにする］がオンにすると、途中から新規エントリしたユーザーが上積みされ、マウスポインタを合わせるとそのデータが表示されます

07

［探索］レポートでオリジナルレポートを作ろう

291

7-4 ユーザーの遷移を分析してみよう

［経路データ探索］レポート

ユーザーがWebサイトのどのような経路を通って、どこから離脱するのか。それがわかれば、コンバージョンに誘導したり離脱率を下げたりする方法を探すヒントになります。［経路データ探索］レポートでは、ユーザーの流れをツリーグラフで視覚的に表示できます。

［経路データ探索］レポートとは

　［経路データ探索］レポートは、ユーザーの移動経路をツリーグラフで表示できる機能です。移動経路をツリーグラフで表示するため、どのくらいのユーザーがどのページから入って、どこを通って、どのページから離脱するのかを、視覚的に把握することができます。このレポートでは、人気のあるコンテンツを洗い出したり、離脱率の高い原因を探り出したりすることができます。また、ディメンションを設定すると、デバイスカテゴリ別や年齢層別など、より丁寧に分析することも可能です。

ツリーグラフで表示されるため、ユーザーの経路を視覚的に確認することができます。

［経路データ探索］レポートの読み方

　［経路データ探索］レポートでは、次のステップへの遷移を枝分かれした複数の「ノード」で表します。そして、気になるノードをクリックし、次の流れを展開します。なお、ノードの表示項目は、次の4種類から選択します。
- ●［イベント名］
- ●［ページタイトルとスクリーン名］
- ●［ページタイトルとスクリーンクラス］
- ●［ページパスとスクリーンクラス］

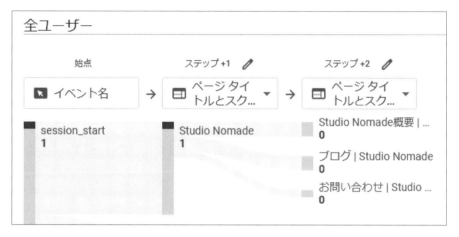

▲ユーザーの遷移はノードで示され、遷移先の項目は上部のメニューで選択します

離脱までのユーザーの流れを確認する

① レポートに名前を付ける

　［空白］レポートを新規作成し、レポート名を入力して、［タグの設定］パネルにある［手法］のプルダウンメニューをクリックします。

2 [経路データ探索] レポートに切り替える

[経路データ検索] を選択します。

1 [経路データ検索] を選択

3 メニューを表示する

ツリークラブが表示されます。[ステップ＋1] の [イベント名] をクリックします。

1 [ステップ＋1] の [イベント名] をクリック

COLUMN

初回訪問のユーザーの遷移を確認する

始点には、初期設定で [session_start] が設定されていて、すべての訪問者の遷移を確認できます。初回訪問のユーザーの遷移だけを確認したいときは、[session_start] をクリックし、表示される [始点の選択] 画面で [first_visit] を選択します。

07

[探索] レポートでオリジナルレポートを作ろう

④ ステップのディメンションを変更する

[ページタイトルとスクリーン名]を選択します。

1 [ページタイトルとスクリーン名]を選択

⑤ ツリーグラフを展開する

ユーザーが移動したページのタイトル別にツリーグラフが表示されるので、
気になるページのノードをクリックします。

1 [Studio Nomade]をクリック

⑥ ディメンションの選択画面を表示する

ページ［Studio Nomade］のユーザーの遷移先が展開されます。［変数］パネルの［ディメンション］にある［+］をクリックして、ディメンションの選択画面を表示します。

1 ［+］をクリック

COLUMN

表示するノードを絞り込む

　ページ数が多いWebサイトやアプリの場合、表示されたノードの数が非常に多くなるケースがあります。この場合は、表示させたいノードだけに絞り込むことができます。表示するノードを絞り込むには、ノードの最上部にあるペンのアイコンをクリックし、表示される画面で必要なノードをオンにして、［適用］をクリックします。また、特定のノードのみ非表示にしたい場合は、そのノードを右クリックし［ノードを除外］をクリックします。

⑦ ディメンションを選択する

目的のディメンション(ここでは[デバイスカテゴリ])をオンにし、[インポート]をクリックします。

1 目的のディメンションをオンにする

2 [インポート]をクリック

⑧ ディメンションを設定する

[変数]パネルの[ディメンション]に目的のディメンションが表示されるので、[内訳]までドラッグします。

1 ディメンションを[内訳]までドラッグ

⑨ ディメンションの項目を切り替えてデータを確認する

ディメンションが適用され、下部に項目が表示されます。ディメンションの項目 [tablet] をクリックすると、その項目に該当するノードが選択した色で表示されます。

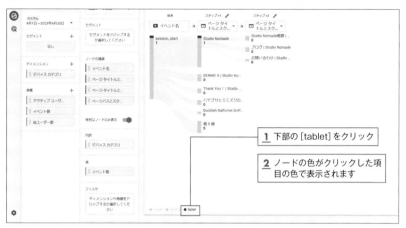

1 下部の [tablet] をクリック

2 ノードの色がクリックした項目の色で表示されます

終点を起点にして経路を分析する

① [最初からやり直す] をクリックする

[経路データ探索] レポートの右上にある [最初からやり直す] をクリックします。

1 [最初からやり直す] をクリック

COLUMN

終点を起点にして経路を分析する

「ショッピングカートのページには、どのページから遷移してくるユーザーが多いのか」や「どのページからエラーページにたどり着いているのか」といった疑問には、[経路データ探索] レポートで終点を起点とした逆引き経路を表示するとわかりやすいでしょう。終点からさかのぼることで、これまで見落としていた問題点や特性が見えてくることもあります。

07

[探索] レポートでオリジナルレポートを作ろう

2 起点を[終点]に指定する

[終点]のボックスをクリックします。

1 [終点]のボックスをクリック

3 ディメンションを選択する

[ページタイトルとスクリーン名]を選択します。

1 [ページタイトルとスクリーン名]を選択

4 終点ページを選択する

起点となる終点ページ(ここでは[Shopping Cart])を選択します。

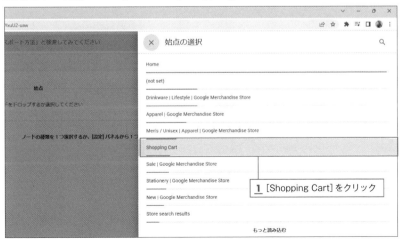

1 [Shopping Cart]をクリック

⑤ ツリーグラフを展開する

終点ページを起点としたツリーグラフが表示されるので、気になるページの
ノードをクリックします。

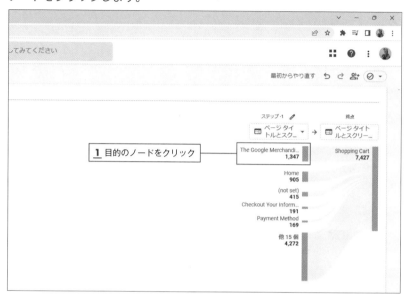

⑥ ツリーグラフが展開された

ツリーグラフが展開されます

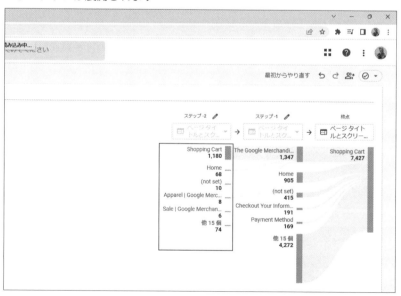

⑦ ディメンションを設定する

[タグの設定]パネルの[内訳]にディメンションを設定し、項目を切り替えて遷移数を確認します。

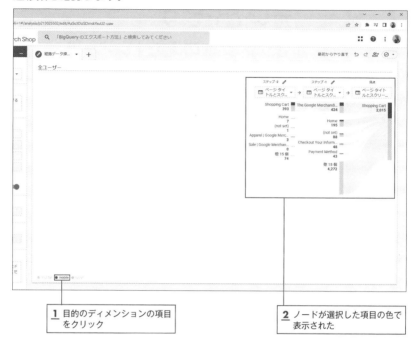

1 目的のディメンションの項目をクリック

2 ノードが選択した項目の色で表示された

--- COLUMN ---

フィルタやセグメントで絞り込んでみよう

[経路データ探索]レポートでは、ノードに表示されたユーザーをフィルタで絞り込むことができます。フィルタを利用すると、ディメンションや指標で条件を設定し、データを絞り込むことができます。特定のデバイスや地域などの遷移を確認するなど、フィルタを活用してデータを深堀りしてみましょう

07

[探索]レポートでオリジナルレポートを作ろう

301

7-5

データの関係性を
洗い出そう
［セグメントの重複］レポート

「購入したユーザーの内女性ユーザーはどれくらいいる？」といったことを
確認する場合は、数量を表す円の重なりで関係性を示す［セグメントの重複］
レポートが便利です。円の重なり具合を見るだけでデータの関係性がわか
り、データの傾向や特徴を洗い出せます。

［セグメントの重複］レポートとは

　［セグメントの重複］レポートは、データを［国］や［性別］、［モバイルカテゴリ］
といったセグメントに分け、データの大きさを示す円の重なりで関係性を示すベ
ン図レポートです。セグメントは最大3つまで表示することができ、「男性ユー
ザーの内モバイル端末でのアクセスの割合」や「日本からのアクセスの内30代
ユーザーの割合」など、さまざまなデータの関係性を示すことで、ユーザーの傾向
や売り上げの特徴などを視覚的にとらえることができます。

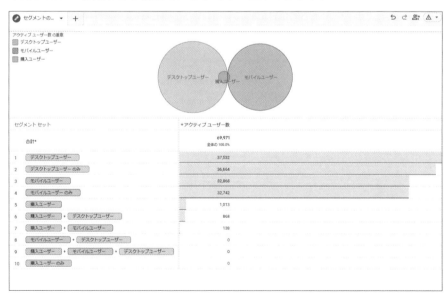

円のサイズと重なり具合でデータの関係性を洗い出せます

データの関係性を洗い出そう

① [セグメントの新規作成]画面を表示する

[探索]で[空白]レポートを作成し、レポートの名前を入力して、[手法]で[セグメントの重複]を選択しています。[変数]パネルにある[セグメント]の[+]をクリックします。

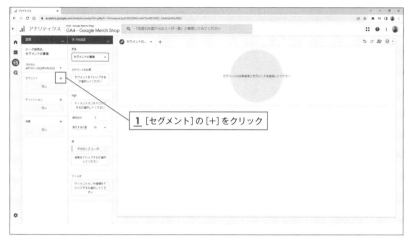

1 [セグメント]の[+]をクリック

② ユーザーセグメントの作成画面を表示する

[カスタムセグメントを作成]にある[ユーザーセグメント]をクリックします。

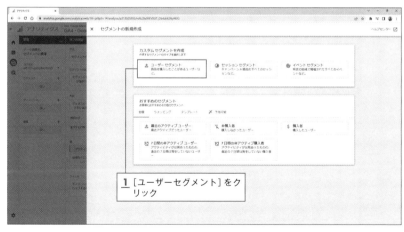

1 [ユーザーセグメント]をクリック

③ 項目の選択画面を表示する

セグメント名を入力し、[新しい条件を追加]をクリックします。

1 [新しい条件を追加]をクリック

④ 項目を選択する

[イベント]をクリックし、[purchase]を選択します。

1 [イベント] → [purchase]
をクリック

--- COLUMN ---

条件を追加する

　データを絞り込む条件を作成するには、手順3の図で[新しい条件を追加]クリック
し、一覧の[イベント]、[ディメンション]、[指標]にあるカテゴリを選択し、表示され
る項目を選択します。詳細な条件を設定する場合は、[パラメータを追加]をクリックし
表示される画面で演算子と値を指定します。なおさらに条件を追加したい場合は、
[AND]や[OR]をクリックし、表示される画面で条件を設定します。

07
[探索]レポートでオリジナルレポートを作ろう

セグメントを保存して適用する

⑤
[保存して適用]をクリックし、セグメントを適用します。

1 [保存して適用]をクリック

セグメントの選択画面を表示する

⑥
指定したセグメントが表示されます。[変数]パネルの[セグメント]にある
[+]をクリックし、セグメントの選択画面を表示します。

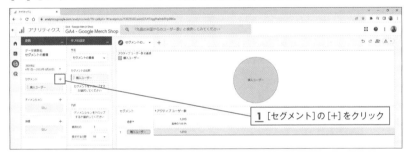

1 [セグメント]の[+]をクリック

[ユーザーセグメント]をクリックする

⑦
[ユーザーセグメント]をクリックします。

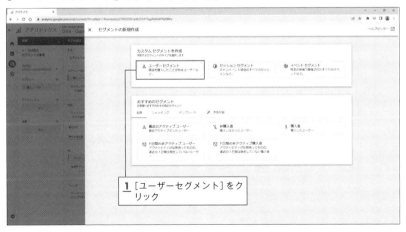

1 [ユーザーセグメント]をク
リック

07

[探索]レポートでオリジナルレポートを作ろう

305

⑧ 項目を選択する

[プラットフォーム/デバイス]→[デバイスカテゴリ]を選択します。

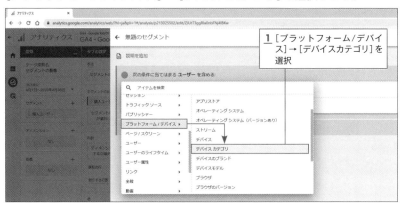

1 [プラットフォーム/デバイス]→[デバイスカテゴリ]を選択

⑨ フィルタの作成画面を表示する

[フィルタを追加]をクリックします。

1 [フィルタを追加]をクリック

────────── COLUMN ──────────

セグメントの種類

　セグメントには、「ユーザーセグメント」、「セッションセグメント」、「イベントセグメント」の3種類があり、絞り込むデータの内容に合わせて使い分けます。

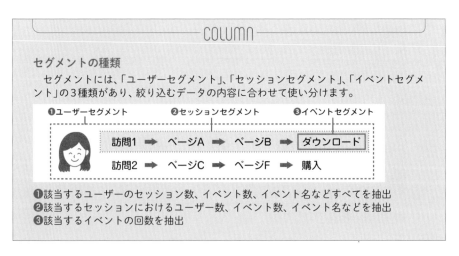

❶ユーザーセグメント　　　　❷セッションセグメント　　　　❸イベントセグメント

訪問1 ➡ ページA ➡ ページB ➡ ダウンロード

訪問2 ➡ ページC ➡ ページF ➡ 購入

❶該当するユーザーのセッション数、イベント数、イベント名などすべてを抽出
❷該当するセッションにおけるユーザー数、イベント数、イベント名などを抽出
❸該当するイベントの回数を抽出

07

[探索]レポートでオリジナルレポートを作ろう

306

フィルタの条件を適用する

10

上のボックスで [完全一致 (=)] を選択し、下のボックスで [mobile] を選択して、[適用] をクリックします。

1 上のボックスで [完全一致 (=)] を選択

2 下のボックスで [mobile] を選択

3 [適用] をクリック

セグメントを保存し適用する

11

セグメントの条件が登録されました。[保存して適用] をクリックし、セグメントを保存してレポートに適用します。

1 [保存して適用] をクリック

セグメントが表示された

12

セグメントが表示され、1つ目のセグメントとの関連性を確認します。

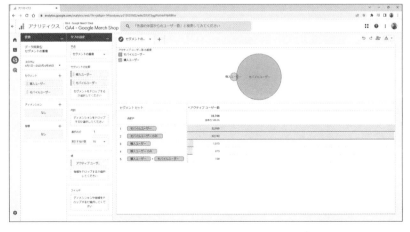

07

[探索] レポートでオリジナルレポートを作ろう

13 セグメントと指標を追加した

同様の手順で［デスクトップユーザー］セグメントを追加し、指標に［新規ユーザー数］を追加します。

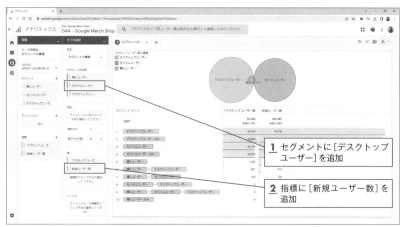

1 セグメントに［デスクトップユーザー］を追加

2 指標に［新規ユーザー数］を追加

14 気になる部分のデータを確認する

気になる部分にマウスポインタを合わせると、その部分がハイライトされ数値が表示されます。

COLUMN

［内訳］のディメンションを設定しよう

　［セグメントの重複］レポートでよりデータを詳しく確認したいときは、［タグの設定］パネルの［内訳］にディメンションを設定しましょう。［内訳］にディメンションを設定すると、ディメンションの値ごとにセグメントのデータを表示させることができます。

07
［探索］レポートでオリジナルレポートを作ろう

個々のユーザーの行動を
把握しよう

［ユーザーエクスプローラー］レポート

大勢のユーザーの流れをつかんで傾向を知ることは重要ですが、ユーザーひ
とりひとりがどのように動いているのかを知ることは、ユーザーの理解につ
ながります。ユーザーひとりひとりの行動を確認したいときは、［ユーザー
エクスプローラー］レポートを利用しましょう。

［ユーザーエクスプローラー］レポートとは

　［ユーザーエクスプローラー］レポートは、ユーザーIDやCookie ID、アプリイ
ンスタンスIDなどを使って、ユーザーひとりひとりのイベントやセッションを追
跡できる機能です。イベント数順やコンバージョン数順などで並べ替えられた
ユーザー一覧で、気になるユーザーを深堀りしてその詳細を確認することができ
ます。個別のユーザーの行動を追いかけることで、より身近にユーザーの心理を
感じ取ることができます。

気になるユーザーのIDをクリックすると

そのユーザーのイベント一覧が
表示され、気になるイベントを
クリックすると、その詳細を表
示できます

［ユーザーエクスプローラー］レポートを作成する

① 気になるユーザーのIDをクリックする

［空白］レポートを新規作成し、レポート名を入力して、［手法］で［ユーザーエクスプローラー］を選択します。

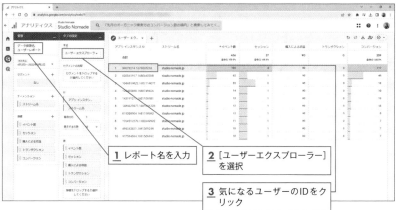

1 レポート名を入力

2 ［ユーザーエクスプローラー］を選択

3 気になるユーザーのIDをクリック

---

② 気になるイベントをクリックする

選択したユーザーが行ったイベントが一覧で表示されます。気になるイベントをクリックします。

1 ［問い合わせ］をクリック

---

③ イベントの詳細を確認する

イベントの詳細が表示されます。

イベントに使われたデバイスカテゴリやプラットフォーム、モバイルモデル名などの詳細情報を確認できます

COLUMN

タイムラインの昇順/降順を切り替える

　[ユーザーエクスプローラー]レポートで気になるユーザーIDをクリックすると、そのユーザーのイベントが新しいもの順（降順）で表示されます。ユーザーのイベントを古いものから順（昇順）に表示させたいときは、[タグの設定]パネルにある[タイムラインの並べ替え]のプルダウンメニューをクリックし、[昇順]を選択します。

情報を確認しよう

　ユーザーのイベント一覧が表示されるページでは、データの取得年月日と場所、各データの集計値、イベントやコンバージョン、エラー数など様々な情報が表示されます。どのような情報が掲載されているのか確認しておきましょう。

❶ユーザー名と検知された場所、年月日

ユーザーID：ユーザーのID番号

初回検知：データを検知した年月日

データの取得先：データの取得場所

ID：ストリーム名

❷**[上位のイベント]**：検知した[スクリーンビュー]、[コンバージョン]、[エラー]、[その他]のデータ数を表示します。

❸次の項目の集計値が表示されています。

[イベント数]

[購入による収益]

[トランザクション]

[ユーザーエンゲージメント]

[scroll（コンバージョン）]

❹イベントで計測されたデータが表示されます

[デバイス情報]：デバイスカテゴリやプラットフォーム、モバイルモデル名の情報が表示されます

[オーディエンスのメンバーシップ]：オーディエンスの条件が表示されます

[イベントパラメータ]：イベントに紐づいているパラメータが一覧で表示されます

他のレポートからユーザーエクスプローラーを表示しよう

① ユーザーデータを取り込む

[目標到達プロセスデータ探索]レポートで、目的の棒グラフを右クリックし、[ユーザーを表示]を選択します。

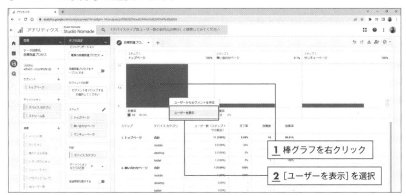

1 棒グラフを右クリック

2 [ユーザーを表示]を選択

② [ユーザーエクスプローラー]レポートが生成された

[目標到達プロセスデータ探索]レポートのセグメントを構成するユーザーデータが取り込まれ、ユーザーエクスプローラーが表示されます

— COLUMN —

他のレポートのユーザーデータを表示する

　[目標到達プロセスデータ探索]レポートや[セグメントの重複]レポートなどセグメントを利用して作成されるレポートでは、セグメントを構成するユーザーデータを[ユーザーエクスプローラー]レポートとして表示させることができます。[セグメントの重複]レポートでは、目的のユーザーの重複を右クリックし、[ユーザーを表示]を選択すると、その部分のユーザーデータが[ユーザーエクスプローラー]レポートとして書き出されます。

SECTION 7-7

同じ特性を持つユーザーの行動をチェックしよう
[コホートデータ探索] レポート

特定の傾向を持ったユーザーグループの特徴を知りたい場合は、[コホートデータ探索] レポートを利用しましょう。[コホートデータ探索] レポートでは、特定のユーザーグループによるWebサイトアプリの再利用について時系列で追跡でき、そのグループの特徴を洗い出せます。

[コホートデータ探索] レポートとは

「コホート」とは、共通の特性を持つユーザーグループのことで、[コホートデータ探索] レポートは、そういったユーザーグループの継続利用を追跡できる機能です。例えば、キャンペーンに訪れたユーザーの内、何人が再訪問したかということを把握することができます。対象となる客層の行動を確認したい場合やバーゲンセールの後のユーザーの傾向を知りたい場合などに欠かせないレポートです。

［コホートデータ探索］レポートを作成する

① ［コホートデータ探索］レポートを作成する

［空白］レポートを作成し、レポート名を入力して、［手法］で［コホートデータ探索］を選択します。

1 レポート名を入力

2 ［コホートデータ探索］を選択

② コホートへの登録条件を指定する

［コホートへの登録条件］を選択します（コラム参照）。ここでは、［初回接触（ユーザー獲得日）］を選択します。

1 ［コホートへの登録条件］で［初回接触（ユーザー獲得日）］を選択

コホートへの登録条件を選択する

コホート分析を行うには、ユーザーの共通項となる条件を設定する必要があります。ただし、GA4でのコホート分析では、設定した期間中に下表の4つのいずれかを達成することを条件として設定します。他のコホート分析のように自由に条件を設定できるわけではないため、注意が必要です。

項目名	内容
初回接触（ユーザー獲得日）	期間内に初めてWebサイトやアプリを訪問したユーザー
すべてのイベント	期間内にイベントが発生したユーザー。期間内に複数回発生した場合は、初回の日付が対象となる
すべてのトランザクション	期間内に購入が発生したユーザー。期間内に複数回購入した場合は、初回の日付が対象となる
すべてのコンバージョン	期間内に設定されたいずれかのコンバージョンを達成したユーザー。期間内に複数回達成した場合は、初回の日付が対象となる。
その他	登録するイベントを指定する。期間内に複数回発生する場合は、初回の日付が対象となる。

③ リピートの条件を指定する

[リピートの条件]のボックスをクリックし、リピートの条件を選択します（コラム参照）。なお、ここでは、[すべてのイベント]を選択します。

1 [リピートの条件]のボックスをクリック

2 [すべてのイベント]を選択

リピートの条件を選択する

　ユーザーの条件を設定したら、次にリピートと見なすための条件を設定します。リ
ピートの条件は、条件となるユーザーの行動を次の3つから1つ選択します。
・すべてのイベント
・すべてのトランザクション
・すべてのコンバージョン

④ **コホートの粒度を指定する**

　[粒度]のプルダウンメニューをクリックし、期間の細かさを選択します（コ
ラム参照）。ここでは、[毎週]を選択します。

コホートの粒度を選択する

　コホートの粒度とは、表示するデータの細かさのことで、[毎日]、[毎週]、[毎月]の
いずれかの期間を選択して指定します。[毎日]を選択すると、日単位でデータが表示さ
れ、より細やかな動きを表示できます。同様に、[毎週]は週単位、[毎月]は月単位で、
ユーザーの動きを把握できます。

5 ▶ 計算方法を指定する

[計算]のボックスをクリックし、計算方法を選択します（コラム参照）。なお、ここでは [標準] を選択します。

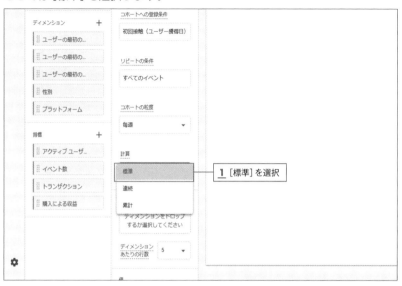

1 [標準]を選択

ユーザーの集計方法を指定する

手順5の図の [計算] では、ユーザーの集計方法を選択しています。集計方法には、[標準]、[連続]、[累計] の3種類があり、集計方法の違いによって表示される数値が異なってきます。なお、多くの場合、集計方法は [標準] に設定します。

● [標準]：各セルには、各期間中に計測されたリピート数を集計します。
● [連続]：各セルには1周目と2週目など、連続した期間に計測されたリピート数の集計値が表示されます。なお、連続しない期間のリピート数は「0」となります。
● [累計]：各セルには、いずれかの期間で計測されたリピート数の累計値が表示されます。

[内訳]のディメンションを設定しよう

[コホートデータ探索] レポートでよりデータを詳しく確認したいときは、[タグの設定] パネルの [内訳] にディメンションを設定しましょう。[内訳] にディメンションを設定すると、ディメンションの値ごとにセグメントのデータを表示させることができます。

6 指標を設定する

[変数] パネルの [指標] にある [アクティブユーザー] を [値] までドラッグします。

1 [アクティブユーザー] を [値] にドラッグ

7 ディメンションの選択画面を表示する

レポートが表示されます。[変数] パネルにある [ディメンション] の [+] をクリックしてディメンションの選択画面を表示します。

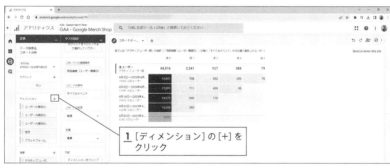

1 [ディメンション] の [+] をクリック

8 [年齢] のデータをインポートする

[ユーザー属性] にある [年齢] をオンにし、[インポート] をクリックします。

1 [年齢] をオンにする **2** [インポート] をクリック

⑨ ディメンションを設定する

[変数] パネルの [ディメンション] に表示される [年齢] を [内訳] にドラッグ
してディメンションを設定します。

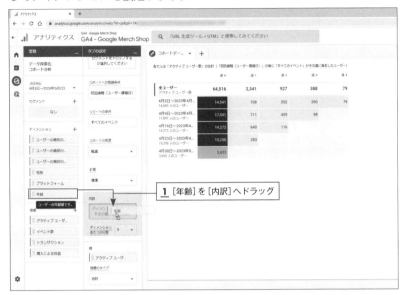

1 [年齢] を [内訳] へドラッグ

⑩ ディメンションが適用された

年齢層別のデータが表示されます。

ユーザーのトータルの
行動を評価しよう

［ユーザーのライフタイム］レポート

リピーターについて知りたい場合、どのような段階を踏んでコンバージョンに達成するかなど、セッションを解析するだけでは、見えない事柄もあります。ユーザーの全体像について理解を深めたいときは、［ユーザーのライフタイム］レポートを利用するとよいでしょう。

［ユーザーのライフタイム］レポートとは

　1人のユーザーがWebサイトやアプリに初めてアクセスしてから、その利用を終了するまでにもたらす利益の総額を算出したものを「ライフタイムバリュー」といいます。「ライフタイムバリューが高いユーザーがどのように行動しているのか」、「バリューの低いユーザーはどこで離脱しているのか」といったことを分析し、既存のユーザーと良い関係を続けていく方法を探し出します。

	初回訪問日	+総ユーザー数	全期間のエンゲージメント時間 平均	LTV: 平均
	合計	71,271 全体の 100.0%	2 分 23 秒 全体の 100.0%	$2.47 全体の 100.0%
1	20230405	3,747	1 分 40 秒	$0.84
2	20230410	3,276	1 分 46 秒	$0.87
3	20230412	2,705	1 分 59 秒	$2.16
4	20230421	2,696	1 分 42 秒	$0.60
5	20230406	2,688	1 分 48 秒	$1.85
6	20230426	2,625	1 分 39 秒	$0.94
7	20230425	2,564	1 分 30 秒	$0.96
8	20230411	2,554	2 分 10 秒	$1.62
9	20230424	2,539	1 分 38 秒	$0.81
10	20230414	2,478	1 分 41 秒	$1.79

どの日に初訪問したユーザーのライフタイムバリューが高いかを確認できます

［ユーザーのライフタイム］レポートを作成する

①　［ユーザーのライフタイム］レポートを作成する

［空白］レポートを作成し、レポート名を入力して、［手法］で［ユーザーのライフタイム］を選択します。

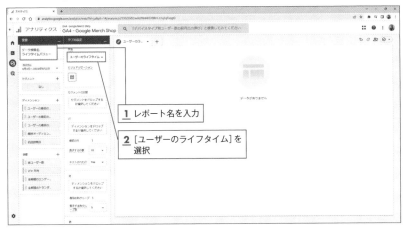

②　ディメンションを設定する

［タグの設定］パネルの［行］をクリックし、表示されるメニューでディメンション（ここでは［初回訪問日］）を選択します（コラム参照）。

───────────────── COLUMN ─────────────────

ディメンションは決められている

　[ユーザーのライフタイム]レポートでは、ライフタイムバリューとかなり限定された内容となっているため、ディメンションは最初から用意された5つに限られています。ディメンションの種類とその内容は次の通りです。

ディメンション名	内容
最初のユーザーキャンペーン	最初にユーザーを獲得したキャンペーン
最初のユーザーのメディア	最初にユーザーを獲得したメディア
最初のユーザーの参照元	最初にユーザーを獲得した参照元
最終オーディエンス名	ユーザーが現在属しているオーディエンス
初回訪問日	ユーザーがはじめてアプリまたはWebサイトにアクセスした日

③ 指標を設定する

　[値]をクリックし、表示されるメニューで指標(ここでは[総ユーザー数])を選択します。

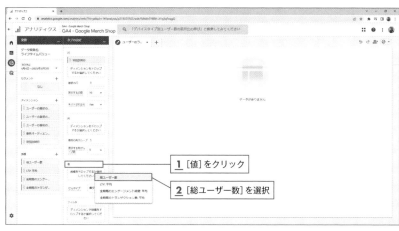

1 [値]をクリック

2 [総ユーザー数]を選択

07
[探索]レポートでオリジナルレポートを作ろう

指標も決められている

　[ユーザーのライフタイム]レポートでは、ライフタイムバリューとかなり限定された
内容となっているため、指標も最初から用意された5つに限られています。指標の種類
とその内容は次の通りです。

指標	内容
アクティブユーザー数	アクティブユーザーの合計数
総ユーザー数	イベントの発生有無に限らず、アプリやWebサイトを操作したユーザーの合計数
LTV: 平均	すべての収益源で全期間に発生した収益の合計
全期間のエンゲージメント時間	Webサイトまたはアプリの初回訪問時に画面を最前面で表示し始めてからの経過時間
全期間のトランザクション数	Webサイトまたはアプリの初回訪問以降に発生したトランザクションの合計回数

4 指標を追加する

同様の手順で[値]に指標を追加(ここでは[全期間のエンゲージメント時間:
平均]と[LTV:平均])します。

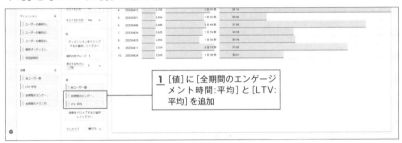

1 [値]に[全期間のエンゲージメント時間:平均]と[LTV:平均]を追加

5 不要な項目を除外する

不要な項目(ここでは[(not set)])を右クリックし、[選択項目を除外]を選
択します。

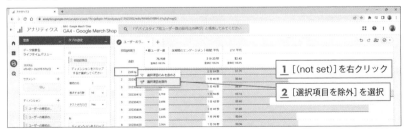

1 [(not set)]を右クリック

2 [選択項目を除外]を選択

6 ▸ 不要な項目が除外された

不要な項目が除外されてレポートが完成しました

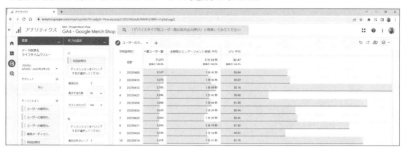

COLUMN

予測指標とは

「予測指標」は、集積したデータから機械学習を利用して、ユーザーの今後の行動を予測する機能です。この機能を使って予測できる指標は、「購入の可能性」、「離脱の可能性」、「予測収益」の3つです。

- **「購入の可能性」**：過去28日間に操作したデータを基に、今後7日以内に特定のコンバージョンイベントが記録される可能性を予測します。
- **「離脱の可能性」**：過去7日以内にWebサイトやアプリを操作したユーザーが、今後7日以内に操作を行わない可能性を予測します。
- **「予測収益」**：過去28日間に操作を行ったユーザーが今後28日間で達成するコンバージョンによって得られる総収益を予測します。

予測指標でユーザーの行動を予測しよう

1 ▸ 指標の一覧を表示する

レポートの名前を入力し、[手法]で[ユーザーのライフタイム]を選択して、[行]に[ユーザーを最初に獲得した参照元]を設定します。[指標]の[+]をクリックします。

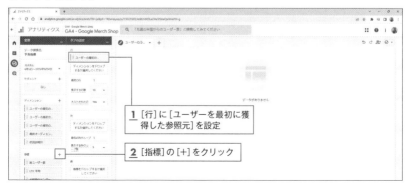

1 [行]に[ユーザーを最初に獲得した参照元]を設定

2 [指標]の[+]をクリック

07

［探索］レポートでオリジナルレポートを作ろう

② 予測指標の指標をインポートする

一覧の最下部にある［予測指標］のメニューを展開し、［購入の可能性］、［予測収益］などから必要な指標をオンにして、［インポート］をクリックします。

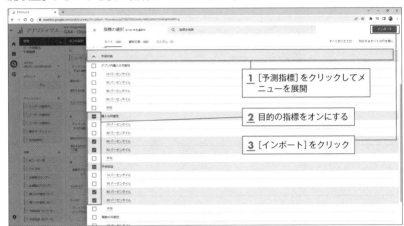

1 ［予測指標］をクリックしてメニューを展開

2 目的の指標をオンにする

3 ［インポート］をクリック

─ COLUMN ─

予測機能を利用するための条件

予測指標を利用してユーザーの今後の行動を予測するには、ある程度のデータの蓄積が必要となります。そのため、予測機能を利用するには、次の3つの条件を満たしている必要があります。

❶過去28日の間の7日間で予測条件に当てはまるユーザーが1000人以上、当てはまらないユーザーが1000人以上のデータが必要です。

❷モデルの品質が一定期間維持されていること。

❸購入の可能性と予測収益の両方を対象とするには、purchase と in_app_purchase のどちらかひとつを設定する必要があります。また purchase イベントを収集する場合は value と currency パラメータも収集する必要があります。

---

③ 予測指標のレポートが表示された

7-9 セグメントでデータを 自由に操作しよう

セグメントは、ディメンションと指標の組み合わせで作成されたレポートを
さらに条件を設定して絞り込むための機能です。ページAを訪問してから
ページBを訪問したユーザーだけに絞り込むなど、詳細に条件を設定して必
要なデータだけを抽出することができます。

セグメントとは

「セグメント」とは、データの中から条件を設定して、その条件に合ったデータ
を抽出する機能のことです。ディメンションと指標の組み合わせで作成されたレ
ポートをさらに任意の項目で絞り込むことができます。例えば、「アメリカからの
ユーザー」を抽出したり、「30代の女性のユーザー」に絞り込んだりすることがで
きます。

COLUMN

セグメント設定の制限について知っておこう

セグメントは、［探索］レポートのみで利用できる絞り込みの機能です。1つのレポー
トに設定できるセグメントの数は最大10個で、同時にレポートに適用できるのは最大
4個です。また、セグメントは1つのレポートでのみ利用可能で、他のレポートで同じ条
件のセグメントを利用する場合は、再度作成し直す必要があります。

3つのセグメントタイプを知っておこう

　セグメントには、「ユーザーセグメント」、「セッションセグメント」、「イベントセグメント」の3種類があり、どれを選択するかによって値が異なります。ここでは、次のようなユーザーのケースを使って、セグメントのタイプを解説します。セグメントのタイプの違いについて理解して、適切に使い分けましょう。

ユーザーが、Webサイトを2度訪問し、
1度目の訪問で、2つのページを閲覧後、資料をダウンロードした
2度目の訪問で、2つのページを閲覧後、商品を購入した

訪問1 ➡　ページA ➡　ページB ➡　ダウンロード

訪問2 ➡　ページC ➡　ページF ➡　購入

データとしては・・・ユーザー1／セッション2／イベント8

以上のデータから、「商品を購入した」という
条件でデータを抽出すると・・・

イベントセグメント

　「イベントセグメント」は、イベントを軸にした切り口でデータを抽出するセグメントです。上のケースでイベントセグメントを設定して「商品を購入した」という条件でデータを抽出すると、該当するイベントのデータのみが抽出されます。つまり、セッションセグメントは、条件に該当するイベントなどのデータ件数を数えたい場合に設定します。

イベントセグメント

訪問1 ➡　ページA ➡　ページB ➡　┌ダウンロード┐

訪問2 ➡　ページC ➡　ページF ➡　購入

セッションセグメント

　「セッションセグメント」は、セッションを軸にした切り口でデータを抽出するセグメントです。上のケースでセッションセグメントを設定して「商品を購入した」という条件でデータを抽出すると、該当するセッションに含まれるデータが抽出されます。セッションセグメントは、条件に該当するセッションにおけるユーザーの行動を確認したい場合に設定します。

セッションセグメント

| 訪問1 ➡ | ページA ➡ | ページB ➡ | ダウンロード |
| 訪問2 ➡ | ページC ➡ | ページF ➡ | 購入 |

ユーザーセグメント

　「ユーザーセグメント」は、ユーザーを軸にした切り口でデータを抽出するセグメントです。上のケースでユーザーセグメントを設定して「商品を購入した」という条件でデータを抽出すると、「商品を購入したユーザー」に関連するすべてのイベントが抽出されます。

ユーザーセグメント

| 訪問1 ➡ | ページA ➡ | ページB ➡ | ダウンロード |
| 訪問2 ➡ | ページC ➡ | ページF ➡ | 購入 |

セグメントを作成してみよう
セグメント設定画面の画面構成

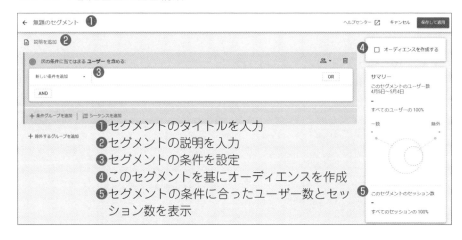

❶セグメントのタイトルを入力
❷セグメントの説明を入力
❸セグメントの条件を設定
❹このセグメントを基にオーディエンスを作成
❺セグメントの条件に合ったユーザー数とセッション数を表示

かんたんなセグメントを作成しよう

① [セグメントの新規作成] 画面を表示する

目的のレポートを表示し（ここでは［自由形式］レポート）、［セグメント］の
［+］をクリックします。ここでは、セグメントで日本からアクセスしている
デスクトップユーザーに絞り込みます。

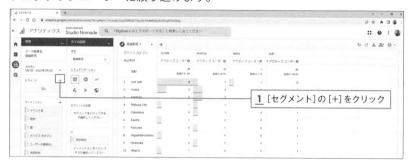

1 ［セグメント］の［+］をクリック

② ユーザーセグメントを選択する

［ユーザーセグメント］を選択して、セグメント作成画面を表示します。

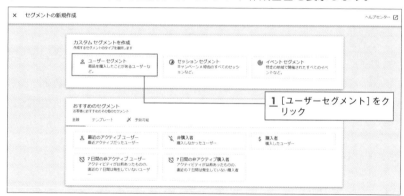

1 ［ユーザーセグメント］をク
リック

③ セグメントに名前を付ける

セグメント名とセグメントの説明を入力し、［新しい条件を追加］をクリック
します。

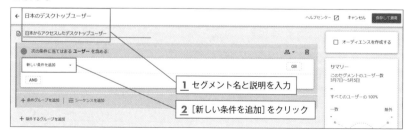

1 セグメント名と説明を入力

2 ［新しい条件を追加］をクリック

カテゴリを指定する

4

[地域]をクリックし、表示される一覧で[国ID]を選択します。

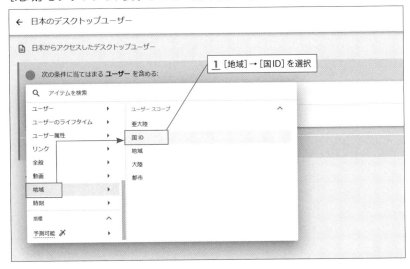

← 日本のデスクトップユーザー

📄 日本からアクセスしたデスクトップユーザー

⬤ 次の条件に当てはまる **ユーザー** を含める:

1 [地域] → [国ID] を選択

🔍 アイテムを検索

ユーザー	▶	ユーザー スコープ	⌄
ユーザーのライフタイム	▶	亜大陸	
ユーザー属性	▶	国ID	
リンク	▶	地域	
全般	▶	大陸	
動画	▶	都市	
地域	▶		
時刻	▶		
指標	⌃		
予測可能 🖉	▶		

─ COLUMN ─

セグメントを適用する範囲を指定する

　セグメントの条件を設定する画面の右上にある[条件の範囲]⚼・では、セグメントの
条件を適用する範囲を指定することができます。[条件の範囲]⚼・には、[全セッショ
ン]、[同じセッション内]、[同じイベント内]の3つの範囲を選択できます。

フィルタを追加する

5

[フィルタを追加]をクリックします。

← 日本のデスクトップユーザー

📄 日本からアクセスしたデスクトップユーザー

⬤ 次の条件に当てはまる **ユーザー** を含める:

| 国ID ▾ | ＋ フィルタを追加 | **1** [フィルタを追加]をクリック |

AND

＋ 条件グループを追加 ｜ ⠿ シーケンスを追加

＋ 除外するグループを追加

6 絞り込む詳細な条件を設定する

上のプルダウンメニューをクリックして[完全一致(=)]を選択し、下のボックスをクリックして[JP]を選択し[適用]をクリックします。

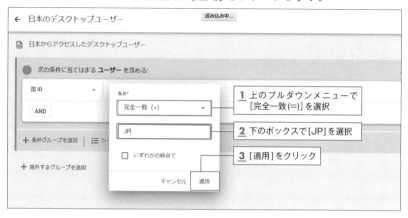

1 上のプルダウンメニューで[完全一致(=)]を選択

2 下のボックスで[JP]を選択

3 [適用]をクリック

COLUMN

[いずれかの時点で]機能を利用する

　セグメントを作成する際に、[フィルタを追加]をクリックすると表示される画面(手順⑥の図を参照)には[いずれかの時点で]というチェックボックスが用意されています。[いずれかの時点で]をオンにすると、期間中に一度でも条件に合ったユーザーがセグメントに含まれます。[いずれかの時点で]をオフにすると、期間中の最新のデータが条件に合ったユーザーがセグメントに含まれます。

---

7 条件を追加する

国を日本に絞り込む条件ができました。[AND]をクリックして条件を追加します。

1 [AND]をクリック

07

[探索]レポートでオリジナルレポートを作ろう

カテゴリを選択する

8

[プラットフォーム／デバイス]→[デバイスカテゴリ]を選択します。

フィルタを追加する

9

[フィルタを追加]をクリックします。

詳細な条件を設定する

10

上のプルダウンメニューで［完全一致（=）］を選択し、下のボックスで
［desktop］を選択して、［適用］をクリックします。

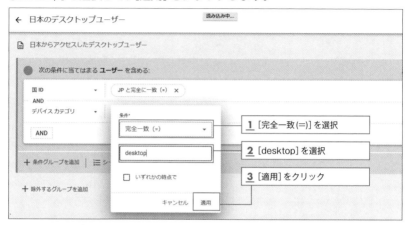

セグメントを保存・適用する

11

条件が追加されました。［保存して適用］をクリックして、セグメントを保存
し、レポートに適用します。

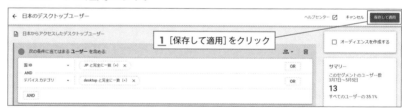

セグメントがレポートに反映された

12

日本のデスクトップユーザーにデータが絞り込まれました。

07

［探索］レポートでオリジナルレポートを作ろう

セグメントに除外条件を追加する

① セグメントの編集を設定する

[変数] パネルの [セグメント] で、作成したセグメントにマウスポインタを合わせると表示される⋮をクリックし、[編集] を選択します。なお、先ほど作成したセグメントから、レポートに表示される [(not_set)] のデータを除外する方法を解説します。

1 セグメントの右端にマウスポインタを合わせる

2 ⋮が表示されるのでクリック

3 [編集] を選択

② セグメントの編集を確認する

内容を確認し、[セグメントを編集] をクリックします。

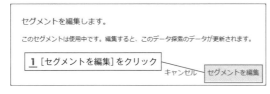

セグメントを編集します。

このセグメントは使用中です。編集すると、このデータ探索のデータが更新されます。

1 [セグメントを編集] をクリック

キャンセル　セグメントを編集

③ 除外する条件グループを追加する

[除外するグループを追加] をクリックします。

1 [除外するグループを追加] をクリック

4 新しい条件を追加する

[新しい条件を追加]をクリックし、同様の手順で条件を設定します。

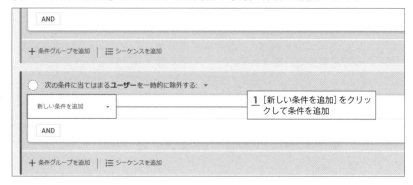

1 [新しい条件を追加]をクリックして条件を追加

5 除外する条件を設定する

カテゴリには[地域]にある[都市]を選択し、詳細な条件には[完全一致(=)]と[(not_set)]を選択して、[保存]をクリックします。

1 [地域]→[都市]を選択

2 [完全一致(=)]と[(not_set)]を選択

3 [保存]をクリック

6 データが除外された

レポートから[(not_set)]のデータが除外されました。

07

[探索] レポートでオリジナルレポートを作ろう

イベントの順番を設定して分析する

① シーケンスセグメントを追加する

セグメントを新規作成し、セグメント名を入力して、[シーケンスを追加]を
クリックします。

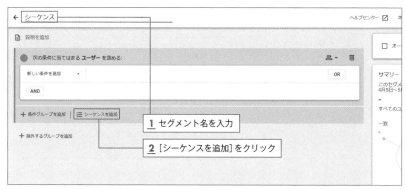

1 セグメント名を入力

2 [シーケンスを追加]をクリック

COLUMN

シーケンスセグメントとは

「シーケンスセグメント」は、イベントの順序を指定して設定できるセグメントです。
「ページAを見てからページBを見たセッションだけを計測する」といった条件を作成
することができます。なお、シーケンスセグメントは、ユーザーセグメントでのみ利用
することができます。

---

② 最初のセグメントを削除する

シーケンスセグメントが作成されます。最初のユーザーセグメントのゴミ箱
のアイコンをクリックし、ユーザーセグメントを削除します。

1 最初のセグメントのゴミ箱の
アイコンをクリック

③ 条件を設定する

[新しい条件を追加] をクリックし、[ページ/スクリーン] → [ページパス＋
クエリ文字列] を選択し、詳細条件に [完全に一致（=）] と [/] を選択して、[ス
テップを追加] をクリックします。

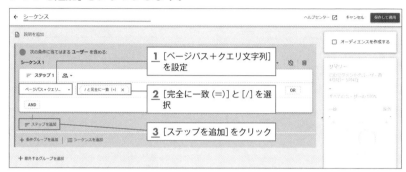

④ 2つ目の条件を設定する

シーケンスセグメントが追加されるので、[ページ/スクリーン] → [ページ
パス＋クエリ文字列] を選択し、詳細条件に [含む] と [/category/
shinkan/] を選択します。[次の間接的ステップ] をクリックします。

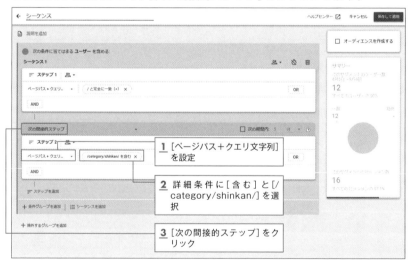

⑤ 直接的ステップのみカウントするよう設定する

[次の直接的ステップ] を選択して、2つ目の閲覧が1つ目のステップの直後に行われた場合にのみカウントするように設定されます。

⑥ セグメントを保存する

[保存して適用] をクリックすると、セグメントの内容が適用されます。

--- COLUMN ---

間接的ステップと直接的ステップ

　「間接的ステップ」は、ステップ1とステップ2を設定した場合に、ステップ1とステップ2の間に他のイベントが行われていても、最終的にステップ2の条件を満たせばカウントの対象となるステップです。「直接的ステップ」は、ステップ1の後すぐにステップ2の条件を満たさなければ、カウントの対象とならないステップです。直接的ステップと、間接的ステップでは、カウントされる数値に違いが出るため、セグメントを設定する際には、注意が必要です。

07

[探索] レポートでオリジナルレポートを作ろう

━━ COLUMn ━━

GA4でオリジナルレポートを作成するメリットと注意点について

　GA4は、従来のGoogle アナリティクスであるUAとは分析方法がまったく異なります。UAでは、Webサイトの閲覧データを主に分析していましたが、GA4ではユーザーの行動をより深く分析することができます。そのため、GA4ではオリジナルレポートを作成することで、より詳細な分析を行うことができます。

　GA4でオリジナルレポートを作成するメリットは、以下のとおりです。

●自社のビジネスに必要なデータを、より詳細に分析することができる
●自社の目標達成に必要なデータを、より効果的に分析することができる
●自社の競合他社との比較分析を行うことができる
●自社のWebサイトやアプリの改善策を、より効果的に検討することができる

　また、GA4のオリジナルレポート作成で注意しなくてはならないことがいくつかあります。

●レポートの目的を明確にする
オリジナルレポートを作成する前に、レポートの目的を明確にする必要があります。レポートの目的が明確であれば、レポートに含めるデータやレポートのレイアウトを決めやすくなります。

●必要なデータを収集する
レポートの目的を達成するために必要なデータを収集する必要があります。GA4では、さまざまなデータを収集することができますが、すべてのデータを収集する必要はありません。必要なデータのみを収集するようにしましょう。

●レポートをわかりやすくする
レポートは、わかりやすく作成する必要があります。レポートがわかりやすくないと、ユーザーがレポートを理解できず、レポートの目的を達成することができません。

●定期的にレポートを更新する
レポートは、定期的に更新する必要があります。レポートを更新することで、最新のデータに基づいて分析を行うことができます。

CHAPTER 08

GA4を便利に使いこなすための機能

［標準］レポートと［探索］レポートを使いこなせたら、かなりのニーズをカバーすることができます。しかし、GA4に用意されている便利な機能を使いこなすことで、データの微細な変化に気付いたり、業務に適したデータ分析を行ったりすることができます。GA4に搭載された便利な機能について、どのようなことができるのか、また、どのような場合に便利なのかを知っておくとよいでしょう。

8-1 ［広告］レポートを使ってみよう

レポートには、［標準］と［探索］レポートの他に、［広告］レポートが用意されています。［広告］レポートは、広告を参照元にしているセッションはもちろん、他のチャネルを参照元としているセッションも分析することができます。まずは、レポートを確認してみましょう。

［広告］レポートとは

　［広告］レポートは、コンバージョンに寄与した広告を特定するためのレポートです。ディスプレイ広告やメルマガ、Google広告など、様々な形式の広告によって、どの広告が最も効果的であるかを確認し、評価することができます。また、広告に限定せず、各チャネルや参照元がコンバージョンにどの程度寄与しているかを分析することもできます。広告を出稿していなくても、有用な分析が可能です。まずは、レポートの内容を確認しましょう。

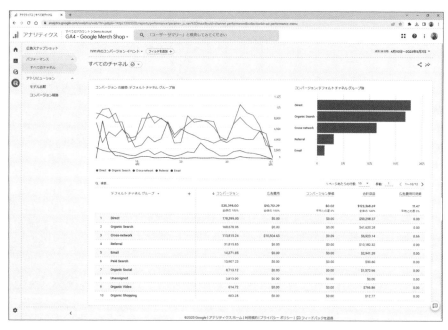

アトリビューション設定しよう

 ［アトリビューション設定］画面を表示する

［管理］をクリックし、［プロパティ］列にある［アトリビューション設定］を
クリックします。

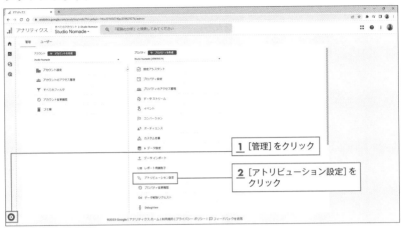

1 ［管理］をクリック

2 ［アトリビューション設定］を
クリック

COLUMN

アトリビューション設定とは

　「アトリビューション設定」は、複数の流入元からの複数回アクセスを経てコンバージョンに到達した場合に、コンバージョンに対する各流入元の貢献度と関係性を設定する機能です。この設定方法によって、「コンバージョンに至ったアクセスの全てを最後の流入元に割り当てる」という評価方法と、「コンバージョンに至ったアクセスに対して、各流入元に基づいて割り当てる」という評価方法があります。また、どの程度過去の流入元までさかのぼって考慮するかによってもデータが異なる場合があります。［広告］レポートでは、流入元の評価が重要となるため、適切な流入元の評価方法を検討することが大切です。

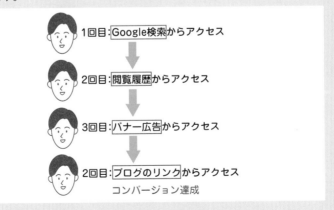

1回目：Google検索からアクセス

2回目：閲覧履歴からアクセス

3回目：バナー広告からアクセス

2回目：ブログのリンクからアクセス

コンバージョン達成

GA4を便利に使いこなすための機能

② アトリビューションモデルを選択する

[レポート用のアトリビューションモデル]のプルダウンメニューをクリックし、目的のモデルを選択します。ここでは、[データドリブン（推奨）]を選択します。

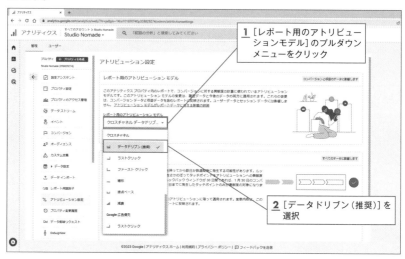

1 [レポート用のアトリビューションモデル]のプルダウンメニューをクリック

2 [データドリブン（推奨）]を選択

③ さかのぼる期間を指定する

[ユーザー獲得コンバージョンイベント]と[他のすべてのコンバージョンイベント]で、コンバージョンからどのくらいまでさかのぼったイベントを貢献の評価対象にするのかを選択します。

1 コンバージョンからさかのぼる期間を選択

2 [保存]をクリック

アトリビューション設定を完了した

COLUMN

レポート用のアトリビューションモデルを選択する

「アトリビューションモデル」とは、コンバージョンに至るまでに複数の流入元からのアクセスがあった場合に、それぞれの流入元にどれだけの貢献度があるかを評価する方法のことです。最初のアクセスの流入元にすべての貢献度を割り当てる「ファーストクリック」や、最後のアクセスの流入元にすべての貢献度を割り当てる「ラストクリック」など、7つのアトリビューションモデルが用意されています。初期設定では、コンバージョンに至るまでの経路に基づいて、適切な貢献度を割り当てる「データドリブン」が設定されています。ただし、アトリビューションモデルの変更は過去のデータにも影響を与えるため、慎重に変更する必要があります。また、アトリビューションモデルによって、どの流入元にどれだけの貢献度があるかが異なるため、レポートを分析する際には、どのモデルを使用するかを検討する必要があります。

アトリビュー ションモデル	内容
データドリブン （デフォルト）	機械学習を利用して、流入元を経過時間やデバイスの種類など様々な要素を元に分類し、その他のユーザーの行動なども加味した上でコンバージョンの貢献を割り当てます。
ラストクリック	コンバージョンに至った最後の流入元にコンバージョンの貢献のすべてを割り当てます。ノーリファラーの場合はノーリファラーではない直前の流入元が対象となります。
ファースト クリック	最初にクリックしたチャネルにコンバージョンの貢献を全て割り当てます。初回がノーリファラーの場合、次の流入元が対象となります。
線形	コンバージョンに至る前にクリックしたすべてのチャネルに均等にコンバージョンの貢献を割り当てます。
接点ベース	最初と最後の流入元に40%ずつ、残り20%をその間の流入元に均等に割り当てます。
減衰	コンバージョンが発生してから、時間的に近い流入元ほど貢献が大きく割り当てられます。その際、コンバージョンから7日以内に貢献の50%を割り当て、それ以前に50%が割り当てられます。
広告優先の ラストクリック	コンバージョンに至る前に、最後のGoogle広告チャネルにコンバージョン値を全て割り当てます。

COLUMN

コンバージョンからさかのぼる期間を選択する

手順3の図の［ルックバックウィンドウ］では、コンバージョンに対する流入元を評価する際、どれくらいの期間をさかのぼって評価するのかを設定します。ルックバックウィンドウの設定では、ユーザー獲得コンバージョンイベントは、期間を［7日間］と［30日間］の2つから選択することができ、［30日間］が初期設定です。また、他のすべてのコンバージョンイベントは、［30日間］、［60日間］、［90日間］の3つから選択でき、初期設定は［90日間］です。なお、ルックバックウィンドウの変更は、今後の貢献度を対象に適用されます。

08

GA4を便利に使いこなすための機能

［広告スナップショット］

　［広告スナップショット］は、コンバージョンに貢献したユーザーの流入経路や集客効果の概要を確認できるレポートです。［広告スナップショット］は、次のようなカードで構成されています。

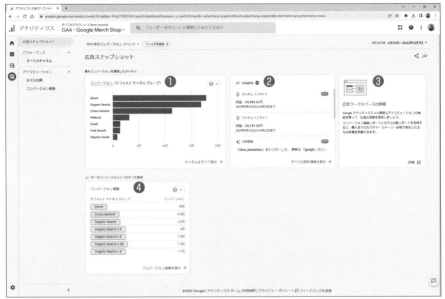

❶ **［最もコンバージョンを獲得したチャネル］**：デフォルトチャネルグループの中で最もコンバージョンに貢献しているチャネルを確認します。

❷ **［Insights］**：大きなデータの変化を検出した場合に自動的に通知が表示されます。

❸ **［広告ワークスペースの詳細］**：下部にある［詳細］をクリックすると、［広告］ワークスペースの使用方法が表示されます。

❹ **［ユーザーのコンバージョンに繋がった接点］**：コンバージョンに到達した上位の経路とそのコンバージョン数を確認できます。

パフォーマンスの [すべてのチャネル] レポート

　[すべてのチャネル] レポートでは、流入元別のコンバージョン、収益、コストなどを確認することができます。広告を出稿していなくても、検索やSNSなどすべての流入元を対象としたコンバージョンや収益などのデータを確認できます。どの流入元が貢献度が高いかを確認し、戦略の策定などに役立てましょう。

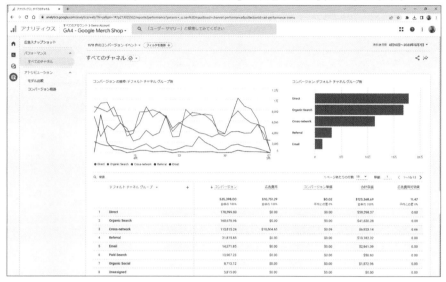

アトリビューションの [モデル比較] レポート

　[モデル比較] レポートでは、アトリビューションモデルを切り替えて、流入元の評価をモデルごとに比較、確認することができます。また、タイトル [モデル比較] の上にある [●/●件のコンバージョンイベント] をクリックして、表示されるリストで含むべきコンバージョンのイベントを選択できます。

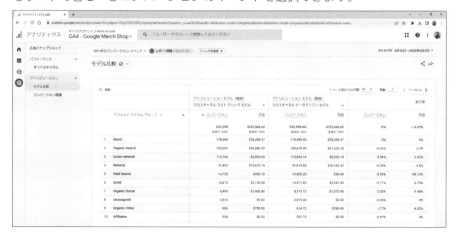

アトリビューションの［コンバージョン経路］レポート

［コンバージョン経路］レポートでは、どのような流入経路をたどってコンバージョンに至ったかを確認することができます。

COLUMN

コンバージョンのイベントを絞り込む

［コンバージョン経路］レポートでは、コンバージョンとして登録されているすべてのイベントデータが表示されます。特定のコンバージョンイベントに絞り込んでデータを表示したい場合は、レポートタイトルの上に表示されている［○/○件のコンバージョンイベント］をクリックし、表示されるメニューで必要なコンバージョンイベントをオンにして、［適用］をクリックします。

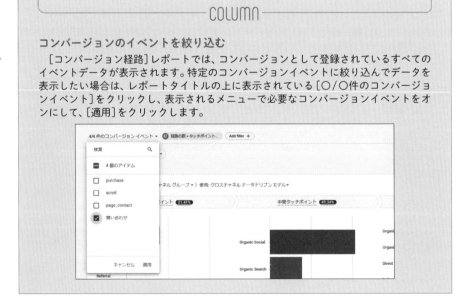

8-2 インサイトを利用しよう

インサイトは、機械学習と設定した条件を基に、異常値や傾向を自動的に検出し、通知する機能です。気付かなかったデータの動きや異常値などが通知されることで、すぐに対応することができます。インサイトを積極的に利用して、ビジネスチャンスを逃さないようにしましょう。

気軽に自動インサイトをチェックしよう

① [insights] ダッシュボードを表示する

目的の [標準] レポートを表示し、[insights] 〰 をクリックします。

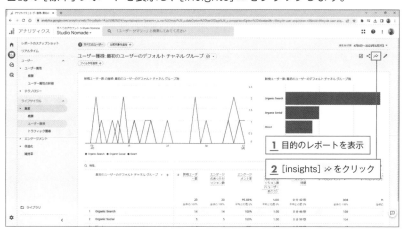

1 目的のレポートを表示

2 [insights] 〰 をクリック

COLUMN

インサイトとは

「インサイト」は、機械学習と設定した条件を基に、異常値や傾向を自動的に検出し、通知する機能です。インサイトには、あらかじめ用意された条件と機械学習によって自動的に検出する「自動インサイト」と条件を指定して検出・通知する「カスタムインサイト」があります。

2 質問のカテゴリを選択する

[insights]ダッシュボードが表示されます。目的のカテゴリ（ここでは[ユーザー属性]）をクリックします。

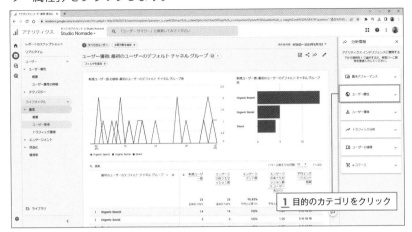

1 目的のカテゴリをクリック

COLUMN

自動インサイトを利用しよう

「自動インサイト」は、各レポートの右上にあるグラフのアイコンをクリックし、表示されるメニューで気になる質問を選択すると、該当する集計結果が自動的に表示されます。ただし、[標準]レポートの[リアルタイム]レポートでは利用できません。

---

3 質問を選択する

目的の質問をクリックします。

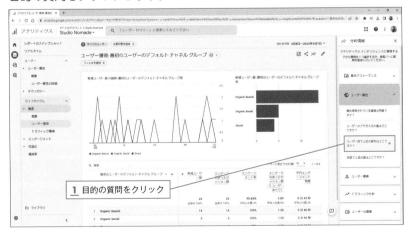

1 目的の質問をクリック

④ 質問に該当するデータが表示された

質問に該当するデータが抽出、表示されます。

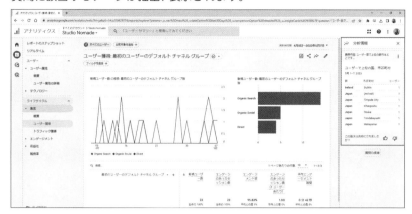

異常値検出を通知する

① [Insights]画面を表示する

[ホーム]レポートを表示し、最下部までスクロールして、[分析情報と最適化案]にある[すべての統計情報を表示]をクリックします。

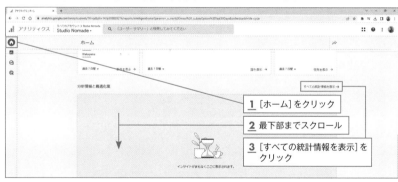

1 [ホーム]をクリック

2 最下部までスクロール

3 [すべての統計情報を表示]を
クリック

COLUMN

異常値が検出されたら通知する

　この手順でインサイトの通知を有効にすると、Googleアカウントに登録されているGmailのアドレスに通知が届きます。他のメールアドレスに通知したい場合や、メールアドレスを追加したい場合は、目的のインサイトの右にあるアイコンをクリックし、メニューで[編集]を選択すると表示される画面の最下部[通知の管理]でメールアドレスを変更、追加します。なお、メールアドレスを追加する際には、メールアドレスを「,(カンマ)」で区切って入力します。

08

GA4を便利に使いこなすための機能

② インサイトの管理画面を表示する

[管理]をクリックし、インサイトの管理画面を表示します。

1 [管理]をクリック

③ インサイトの通知が設定された

通知が必要なインサイトをオンにします。

1 通知が必要なインサイトをオンにする

インサイトの通知が設定された

カスタムインサイトで異常値を検出する

① カスタムインサイトの作成画面を表示する

[Insights]画面を表示し、[作成]をクリックして、カスタムインサイトの作成画面を表示します。

1 [作成]をクリック

COLUMN

カスタムインサイトとは

「カスタムインサイト」は、GA4のユーザーが注目したい条件を設定して作成するインサイトです。インサイトの条件には、評価する頻度や対象となる指標、検出の条件を指定します。気になる指標を登録して、データの変化を見逃さないようにしましょう。

②　カスタムインサイトの条件を設定する

[評価の頻度]を選択し、[指標]、[条件]を選択し、[値]に目的の数値を入力します。インサイトの名前を入力し、必要ならメールアドレスを編集します。[作成]をクリックするとカスタムインサイトが作成されます。

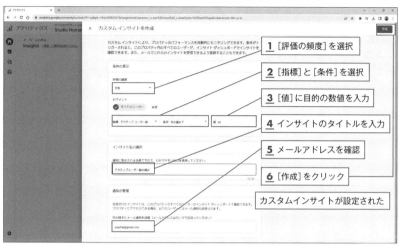

1 [評価の頻度]を選択
2 [指標]と[条件]を選択
3 [値]に目的の数値を入力
4 インサイトのタイトルを入力
5 メールアドレスを確認
6 [作成]をクリック
カスタムインサイトが設定された

COLUMN

カスタムインサイトを確認する

　カスタムインサイトは設定した条件を満たすと、[ホーム]レポートの下部[分析情報と最適化案]や[レポートのスナップショット]の上部右の[Insights]カードに表示されます。[レポートのスナップショット]の[Insights]カードに表示されたカスタムインサイトをクリックすると、[分析情報]ナビゲーションが表示され、表やグラフが表示されます。

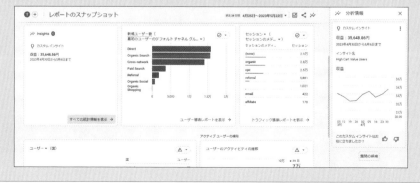

08

GA4を便利に使いこなすための機能

GA4のデータをBigQuery にエクスポートする

GA4では、最大でも14か月しかデータを保持することができませんが、ビジネス上、3年前や5年前の古いデータが必要になることがあるかもしれません。そのような場合は、GA4のデータをBigQueryにエクスポートして保存しておくと便利です。

BigQueryとは

「BigQuery」は、Googleが提供しているGoogle Cloudの機能のひとつで、データを収集、管理、分析できるデータウェアハウスです。BigQueryでは、GA4をはじめ、企業で発生するさまざまなデータをレコード形式で収集・管理し、エンドユーザーが使いやすい形で抽出・分析できます。GA4とBigQueryを連携すると、GA4のデータをBigQueryにエクスポートして、GA4のデータ保持期間の14か月を超えてもデータを利用できます。また、Excelや他のデータウェアハウス製品と連携して、データを必要な形で抽出して柔軟に分析できます。BigQueryには、90日間または300ドル相当のクレジットを無料で利用できるプログラムが用意されています。GA4とBigQueryを連携して、導入を検討してみましょう。

▼ **BigQueryの画面**

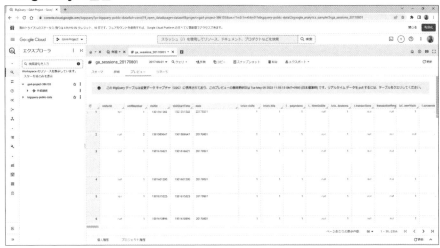

GA4のデータをBigQueryにエクスポートし保存することができます

BigQueryを利用するメリット

　GA4とBigQueryを連携させると、GA4が収集したデータをBigQueryにエクスポートすることができます。GA4のデータをBigQueryにエクスポートすることで、GA4のデータ保持期限の14か月を超えてデータを保存することができます。また、BigQueryでは、GA4だけでなく、業務で発生するさまざまなデータも保存することができ、他のデータとGA4のデータを合わせて分析することも可能です。さらに、他のデータ分析ツールと連携してデータを必要な形で抽出し、解析することもできます。GA4とBigQueryを連携させて、GA4のデータをより柔軟に活用してみましょう。

- ●GA4のデータ保持期限の14か月を超えてデータを保持できる
- ●GA4以外のデータと合わせてデータを分析できる
- ●必要なデータをすばやく抽出できる
- ●他のデータ分析ツールと連携して、データを必要な形で抽出・分析できる
- ●データ分析をすることで適切に広告を出稿できる

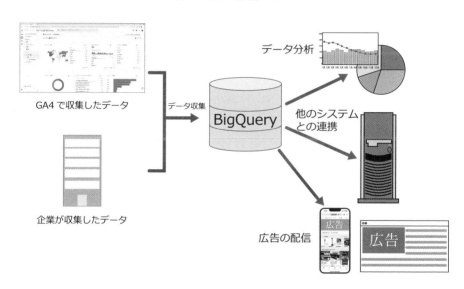

GA4で収集したデータ　データ収集　BigQuery　データ分析　他のシステムとの連携　企業が収集したデータ　広告の配信

BigQueryを利用する注意点

　GA4とBigQueryは、無料プログラムを利用すると無料で連携させることができますが、次のような制限があるため注意が必要です。
- ●無料プログラム版は、90日間または300ドル相当のクレジットを使い切ると有料版へのアップグレードが求められます。
- ●1日のエクスポートの上限は100万イベントまで
- ●データの保存場所を変更できない

BigQueryを利用できるようにする

[BigQueryの無料トライアル]をクリックする

Google CloudのBigQueryのホームページを表示し、[BigQueryの無料トライアル]をクリックします。

1 [BigQueryの無料トライアル]をクリック

国名とBigQuery利用の目的を選択する

[日本]を選択し、BigQueryを利用する目的を選択します。[利用規約]の内容を確認し、チェックボックスをオンにして同意し、[続行]をクリックして利用手続きを進めます。

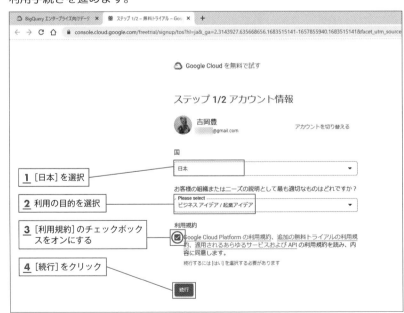

1 [日本]を選択

2 利用の目的を選択

3 [利用規約]のチェックボックスをオンにする

4 [続行]をクリック

BigQueryの利用料金

BigQueryの利用料は、大きく分けてストレージ料金と分析料金の2つから構成されており、基本プランではオンデマンド分析料が＄7.50/TBで（2023年7月5日から適用）、ストレージ料が＄2,400/100slots（2023年7月5日以降は新規購入不可の可能性もありるだが取材時点では不明）となっています。ただし、以前のプランに加入しているユーザーについては、新しいプランへの移行が必要となる場合があります。なお、定額料金を希望するユーザー向けに、次のようなプランも用意されています。（2023年4月現在・著者調べ）

料金	プラン	価格	備考
分析料金	Standard	$0.051 / slot hour	
	Enterprise	$0.0765 / slot hour	
	Enterprise Plus	$0.1275 / slot hour	
ストレージ料金	アクティブな論理ストレージ	$0.023 / GB	毎月10GBまで無料
	長期論理ストレージ	$0.016/GB	
	アクティブな物理ストレージ	$0.052 / GB	
	長期物理ストレージ	$0.026/GB	

③ Googleアカウントと支払い情報を登録する

利用するGoogleアカウントを選択し、支払い方法を選択して、[無料トライアルを開始]をクリックします。

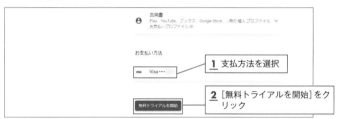

1 支払方法を選択

2 [無料トライアルを開始]をクリック

④ Google Cloudでの目的を指定する

Google Cloudを検討するようになった理由を選択し、[次へ]をクリックします。

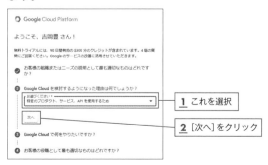

1 これを選択

2 [次へ]をクリック

⑤ Google Cloudでやりたいことを選択する

Google Cloudでやりたいことをクリックしてオンにし、[次へ]をクリックします。

1 Google Cloudでやりたいことをオンにする

2 [次へ]をクリック

⑥ ユーザーの登録を完了する

自分の役職を選択し、[完了]をクリックします。

1 役職を選択

2 [完了]をクリック

⑦ [プロジェクトの選択]画面を表示する

設定が完了しGoogle Cloudのトップページが表示されます。Google Cloudのロゴの右にある[My First Project]をクリックします。

1 [My First Project]をクリック

08

GA4を便利に使いこなすための機能

新規プロジェクトを作成する

8

[新しいプロジェクト]をクリックします。

プロジェクトの選択 | 新しいプロジェクト

Q プロジェクトとフォルダを検索

最近のプロジェクト　　スター付き　　すべて

1 [新しいプロジェクト]をク
リック

名前　　　　　　　　　　　　　　ID

✓ ☆ •• My First Project ❓　　concise-memory-386103

プロジェクトが登録された

9

GA4でプロジェクト名を入力し、組織名を入力して、[作成]をクリックしま
す。

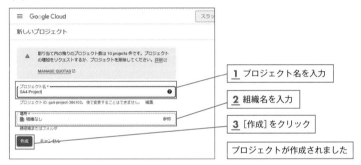

≡ Google Cloud

新しいプロジェクト

⚠ 割り当て内の残りのプロジェクト数は 10 projects 件です。プロジェクト
の増加をリクエストするか、プロジェクトを削除してください。詳細 ☑

MANAGE QUOTAS ☑

プロジェクト名 *
GA4-Project ❓

1 プロジェクト名を入力

プロジェクト ID: ga4-project-386103。後で変更することはできません。編集

場所 *
🏢 組織なし　　　　　　　　　　参照

2 組織名を入力

親組織またはフォルダ

作成　キャンセル

3 [作成]をクリック

プロジェクトが作成されました

GA4とBigQueryを連携する

[BigQueryのリンク]をクリックする

1

GA4で[管理]をクリックし、画面を最下部が表示されるまでスクロールし
て、[プロパティ]列にある[BigQueryのリンク]をクリックします。

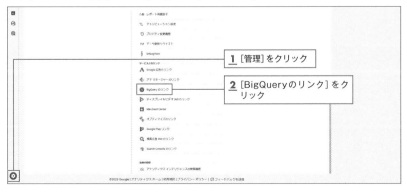

1 [管理]をクリック

2 [BigQueryのリンク]をク
リック

② BigQueryとのリンクを設定する画面を表示する

[BigQueryのリンク]画面が表示されるので、[リンク]をクリックします。

1 [リンク]をクリック

③ プロジェクト選択画面を表示する

[BigQueryプロジェクトを選択]をクリックします。

1 [BigQueryプロジェクトを選択]をクリック

④ リンクするプロジェクトを選択する

目的のプロジェクトをオンにし、[確認]をクリックします。

1 目的のプロジェクトをオンにする

2 [確認]をクリック

データを管理している場所を設定する

[データのロケーション]で[東京 (asia-northeast1)]を選択して、[次へ]をクリックします。

1 [東京 (asia-northeast1)]を選択

2 [次へ]をクリック

データエクスポートの頻度を設定する

[頻度]で[毎日]をオンにし、[次へ]をクリックします。

1 [毎日]をオンにする

2 [次へ]をクリック

--- COLUMN ---

エクスポートの頻度を設定する

手順6の図の[頻度]では、GA4からBigQueryにデータをエクスポートする頻度を設定します。無料版で利用する場合は、[毎日]のみをオンにしましょう。[ストリーミング]をオンにすると、データが発生するたびにBigQueryにエクスポートされるため、その都度料金がかかるので注意が必要です。

情報を送信する

設定の内容を確認し、[送信]をクリックします。

1 登録した情報の内容を確認

2 [送信]をクリック

⑧ GA4とBigQueryとの連携が設定された

COLUMN

Looker Studioと連携してみよう

「Looker Studio」はGoogle Cloudが提供する無料のビジネスインテリジェンスツールです。旧称は「Googleデータポータル」といい、2022年10月11日に名称が変更されました。Looker Studioでは、GA4との連携はもちろん、BigQueryや既存のExcelデータなど、さまざまなソースのデータを取り込んで、グラフ化、レポート化することができます。

BigQueryでデータを確認する

① メニューを表示する

Google Cloudのトップページを表示し、[Google Cloud]のロゴの右にあるプルダウンメニューで目的のプロジェクトが表示されているのを確認し、≡のアイコンをクリックします。

1 目的のプロジェクトが表示されているのを確認

2 ≡ をクリック

② SQLワークスペースを表示する

[BigQuery]→[SQLワークスペース]を選択します。

1 [BigQuery]→[SQLワークスペース]を選択

③ 階層構造を展開する

目的のプロジェクトの左にある▶ をクリックして、階層構造を展開します。

1 ▶ をクリック

GA4のデータを表示する

（4）

[analytics]の▶ をクリックして展開し、[event]をクリックして、右の画面で[プレビュー]をクリックすると、エクスポートされたデータが表示されます。

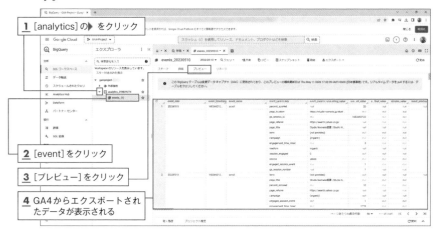

1 [analytics]の▶ をクリック

2 [event]をクリック

3 [プレビュー]をクリック

4 GA4からエクスポートされたデータが表示される

COLUMN

GA4のデータをGoogleスプレッドシートに書き出そう

Googleスプレッドシートでは、BigQueryを経由してGA4の生データを取り込むことができます。GoogleスプレッドシートにGA4のデータを取り込むには、Googleスプレッドシートの[データ]メニューをクリックし、[データコネクタ]→[BigQuery]を選択して、表示される画面でBigQueryに作成したGA4のプロジェクトと取り込むデータを選択します。

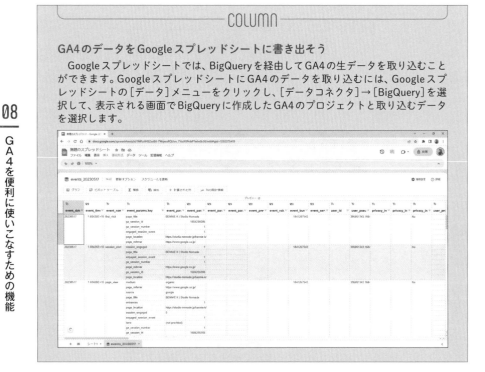

8-4 Google広告と連携しよう

GA4は、Google広告とも連携させることができます。GA4をGoogle広告と連携させると、Google広告のデータをGA4上で分析できるだけでなく、GA4のユーザーリストをGoogle広告で活用できるなど、大きなメリットがあります。

GA4とGoogle広告と連携するメリット

GA4とGoogle広告を連携させると、互いのデータを活用して、効果的な広告を確認したり、広告にはどのような効果があるのか分析したりするなど、より丁寧に解析することができます。具体的なメリットは、次の3つです。GA4とGoogle広告を連携させて、効果的な広告を適切なタイミングで運用しましょう。

連携

メリット

・GA4でGoogle広告のパフォーマンスを分析できる

・GA4で設定したコンバージョンをGoogle広告に反映できる

・GA4で作成したユーザーリストをGoogle広告に反映できる

08

GA4を便利に使いこなすための機能

COLUMN

Google広告とは

「Google広告」は、Googleが提供しているオンライン広告サービスです。旧称はGoogle Adwords（グーグル・アドワーズ）で、2018年7月に名称が変更されました。Google広告には、リスティング広告、ディスプレイ広告、動画広告、アプリ広告、ショッピング広告の5種類があり、地域や年齢、性別などユーザーの属性に合わせて表示させることができます。Google広告を利用している場合に、Google広告とGA4を連携させると、「どんなユーザーがどこでどのような広告をクリックしたか」というデータを収集・集計できるようになります。

GA4とGoogle広告を連携しよう

① [Google広告のリンク]画面を表示する

[管理]画面を表示し、[プロパティ]列の[Google広告のリンク]をクリックします。

1 [Google広告のリンク]をクリック

② [リンクの設定]画面を表示する

[リンク]をクリックして、[リンクの設定]画面を表示します。

1 [リンク]をクリック

③ Google広告のアカウント選択画面を表示する

[Google広告アカウントを選択]をクリックします。

1 [Google広告アカウントを選択]をクリック

連携するGoogle広告のアカウントを選択する

④ GA4と連携させるGoogle広告アカウントをオンにし、[確認]をクリックします。

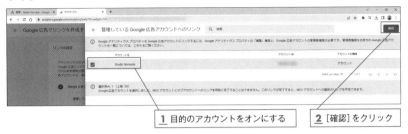

1 目的のアカウントをオンにする

2 [確認]をクリック

リンクの設定画面を表示する

⑤ [次へ]をクリックして、[リンクの設定]画面を表示します。

1 [次へ]をクリック

メニューを展開する

⑥ [パーソナライズド広告を有効化]をオンにし、[自動タグ設定を有効にする]の✓をクリックして展開します。

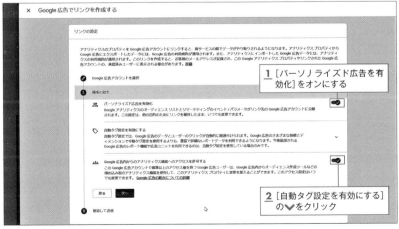

1 [パーソナライズド広告を有効化]をオンにする

2 [自動タグ設定を有効にする]の✓をクリック

7 リンクの連携を設定する

［選択したGoogle広告アカウントの自動タグ設定を有効にする（推奨）］を選択して、［Google広告内からのアナリティクス機能へのアクセスを許可する］をオンにし、［次へ］をクリックします。

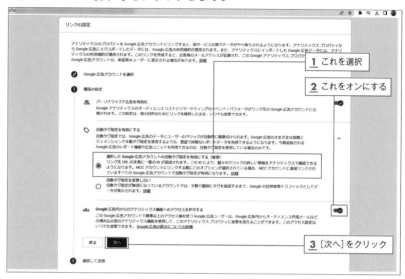

1 これを選択

2 これをオンにする

3 ［次へ］をクリック

8 リンクの設定を登録する

登録した内容を確認し、［送信］をクリックします。

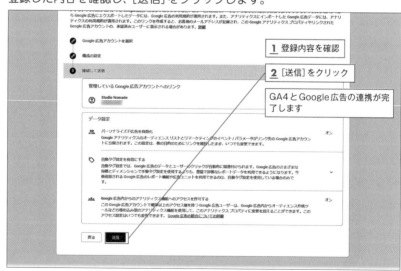

1 登録内容を確認

2 ［送信］をクリック

GA4とGoogle広告の連携が完了します

Google広告のデータをGA4で確認しよう

1 [Google広告キャンペーン] レポートを表示する

[標準] レポートで [集客] → [概要] をクリックして、[集客サマリー] レポートを表示し、下部中央にある [セッションのGoogle広告キャンペーン] カードの [Google広告キャンペーンを表示] をクリックします。

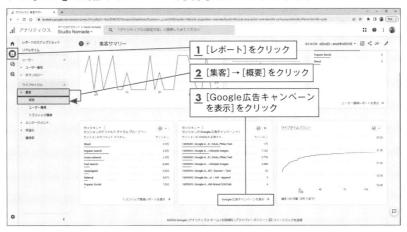

1 [レポート] をクリック

2 [集客] → [概要] をクリック

3 [Google広告キャンペーンを表示] をクリック

2 [Google広告キャンペーン] レポートが表示された

[Google広告キャンペーン] レポートが表示され、Google広告キャンペーンのデータを確認できます。

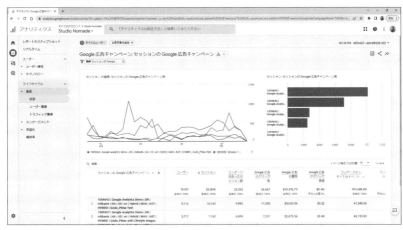

③ [モデル比較] レポートでデータを確認する

[広告]→[モデル比較]をクリックして[モデル比較]レポートを表示し、ディメンションを[キャンペーン]に切り替えると、Google広告キャンペーンでのモデル比較が行えます。

④ [コンバージョン経路] レポートでデータを確認する

[広告]→[コンバージョン経路]をクリックして[コンバージョン経路]レポートを表示し、ディメンションを[キャンペーン]に切り替えると、Google広告キャンペーン別でのコンバージョン数や収益のデータを確認できます。

INDEX

マ・ヤ行

ラ行

■本書で使用しているパソコンについて

本書は、インターネットやメールを使うことができるパソコン・スマートフォン・タブレット
を想定し手順解説をしています。

使用している画面やプログラムの内容は、各メーカーの仕様により一部異なる場合があります。
各パソコン等の機材の固有の機能については、各機材付属の取扱説明書をご参考ください。

■本書の編集にあたり、下記のソフトウェアを使用しました

Windows 11・Chrome で操作を紹介しております。そのため、他のバージョンでは同じ操作を
しても画面イメージが異なる場合があります。また、お使いの機種（パソコン・タブレット・
スマートフォン）によっては、一部の機能が使えない場合があります。

■注意

(1) 本書は著者が独自に調査した結果を出版したものです。

(2) 本書は内容について万全を期して作成いたしましたが、万一、ご不備な点や誤り、記載漏
　　れなどお気付きの点がありましたら、出版元まで書面にてご連絡ください。

(3) 本書の内容に関して運用した結果の影響については、上記(2)項にかかわらず責任を負いか
　　ねます。あらかじめご了承ください。

(4) 本書の全部、または一部について、出版元から文書による許諾を得ずに複製することは禁
　　じられています。

(5) 本書で掲載されているサンプル画面は、手順解説することを主目的としたものです。よって、
　　サンプル画面の内容は、編集部で作成したものであり、全て架空のものでありフィクショ
　　ンです。よって、実在する団体および名称とはなんら関係がありません。

(6) 商標
　　Windows 11 は米国 Microsoft Corporation の米国およびその他の国における登録商標または
　　商標です。
　　その他、CPU、ソフト名、サービス名は一般に各メーカーの商標または登録商標です。
　　なお、本文中では ™ および ® マークは明記していません。
　　書籍の中では通称またはその他の名称で表記していることがあります。ご了承ください。

■著者略歴

Studio Nomade（スタジオノマド）

PC書、IT書、理工書が専門の著者。20年以上前から著者として、数々の書籍を世に送り出している。特にWindows、ExcelやWordなどのOSやOfficeアプリから、iPhoneに代表されるデジタルガジェット系の書籍、Googleのサービス全般の解説書など数多くの実績がある。現在も、書籍の著者として活躍中の傍ら、ネットメディアでの寄稿も活発に行っている。

■デザイン
　金子　中

そくせんりょく　　　じつむ　　　　　　　　　　　まな
即戦力の実務がしっかり学べる
グーグル アナリティクス　　　きょうかしょ
Google Analytics 4の教科書

発行日	2023年 7月10日	第1版第1刷

著　者　　Studio Nomade
　　　　　スタジオ ノ マ ド

発行者　　斉藤　和邦
発行所　　株式会社　秀和システム
　　　　　〒135-0016
　　　　　東京都江東区東陽2-4-2　新宮ビル2F
　　　　　Tel 03-6264-3105（販売）Fax 03-6264-3094
印刷所　　三松堂印刷株式会社　　　　　Printed in Japan

ISBN978-4-7980-6818-3 C3055

定価はカバーに表示してあります。
乱丁本・落丁本はお取りかえいたします。
本書に関するご質問については、ご質問の内容と住所、氏名、電話番号を明記のうえ、当社編集部宛FAXまたは書面にてお送りください。お電話によるご質問は受け付けておりませんのであらかじめご了承ください。